Ouassima RIFFI
Zakya M'HAMDI
Mohammed ELHOURRI

Estudo do impacto dos extractos e óleos essenciais de plantas aromáticas

Ouassima RIFFI
Zakya M'HAMDI
Mohammed ELHOURRI

Estudo do impacto dos extractos e óleos essenciais de plantas aromáticas

de Marrocos sobre o ambiente

ScienciaScripts

Imprint

Any brand names and product names mentioned in this book are subject to trademark, brand or patent protection and are trademarks or registered trademarks of their respective holders. The use of brand names, product names, common names, trade names, product descriptions etc. even without a particular marking in this work is in no way to be construed to mean that such names may be regarded as unrestricted in respect of trademark and brand protection legislation and could thus be used by anyone.

Cover image: www.ingimage.com

This book is a translation from the original published under ISBN 978-620-3-93076-4.

Publisher:
Sciencia Scripts
is a trademark of
Dodo Books Indian Ocean Ltd. and OmniScriptum S.R.L publishing group

120 High Road, East Finchley, London, N2 9ED, United Kingdom
Str. Armeneasca 28/1, office 1, Chisinau MD-2012, Republic of Moldova, Europe
Printed at: see last page
ISBN: 978-620-7-75770-1

Conteúdo

CAPITULO 1

ANÁLISE TÉRMICA E DETERMINAÇÃO DO
TEOR DE METAIS PESADOS
DA PLANTA *URTICA DIOICA* (L.) POR
ESPECTROSCOPIA DE ABSORÇÃO ATÓMICA

RESUMO

Atualmente, as plantas medicinais continuam a ser o principal reservatório de novos medicamentos. São consideradas uma fonte essencial de matéria-prima para a descoberta de novas moléculas necessárias para o desenvolvimento de futuros remédios. Entre estas plantas, encontramos *a Urtica dioica* (L.), que pertence à família das Urticaceae. É uma planta herbácea perene, vulgarmente conhecida como "urtiga", que tem sido relatada como tendo várias actividades farmacológicas, como efeitos antibacterianos, antioxidantes, analgésicos, anti-inflamatórios, antivirais e anticancerígenos. No presente trabalho, estamos interessados, por um lado, em valorizar esta planta colhida na região de Meknes, através de análises térmicas e gravimétricas ATD/ATG para determinar a perda de massa em função da temperatura. Este fenómeno foi confirmado pela técnica de calcinação numa mufla a diferentes temperaturas (110°C e 300°C, 600°C). Por outro lado, após a calcinação das plantas, foi realizada a deteção do teor de metais pesados por uma técnica de espetroscopia de absorção atómica (AAS). Os resultados obtidos mostraram simultaneamente altas concentrações de Ca, K, Na, Li e Cd e baixas concentrações de Pb, Ni, Cu e Zn.

Palavras-chave: *Urtica dioica* (L.), ATD/ATG, Metais pesados, SAA

1. INTRODUÇÃO

A Urtica dioica (L.) da família Urticaceae é uma erva perene conhecida como urtiga. É muito comum em Marrocos (Bnouham *et al.*, 2003).

A planta *Urtica dioica* (L.) deriva da palavra "Uro" que significa queimar ou "urere" que significa picar (Bourgeois *et al.*, 2016). É uma planta herbácea anual de 0,6-1,2 m de altura com espinhos e caules erectos. Tem uma forma quadrilateral, as folhas opostas têm dentes ou fissuras e cada nó tem dois ou quatro estados (Ghedira *et al.*, 2009).

Em geral, as folhas e a base subjacente da planta da urtiga são utilizadas internamente como produtos sanguíneos. Purificadores de sangue, agentes menstruais, diabetes, anti-sético, drenagem nasal e menstrual, rigidez, inflamação da pele, deficiência de ferro, nefrite e hematúria. Também é utilizado para tratar iterícia, menorragia e diarreia (Joshi *et al.*, 2014). Assim como o extrato aquoso de urtiga exerce um efeito hipotensor no rato in vivo (Legssyer *et al.*, 2002). A planta *Urtica dioica* (L.) contém classes distintas de misturas restauradoras naturais, incluindo fitoesteróis, saponinas, flavonóides, taninos, esteróis, ácidos gordos, carotenóides, clorofilas, proteínas, aminoácidos e vitaminas. É uma planta muito nutritiva, fácil de digerir e rica em minerais (especialmente ferro), vitamina C e pró-vitamina A (Said *et al.*, 2015). Em Marrocos, estes dados médicos e nutricionais continuam a ser pouco explorados e as aplicações da urtiga estão a ser cada vez mais negligenciadas, tanto no domínio culinário como nas áreas médica e veterinária (Dhouibi *et al.*, 2020).

A maioria das plantas contém vestígios de nutrientes. Alguns destes metais pesados podem existir sob a forma de vestígios que terão um impacto negativo no ambiente (Moreira *et al.*, 2020). Os mais conhecidos pela sua perigosidade são o chumbo (Pb), o mercúrio (Hg), o cádmio (Cd), o crómio (Cr), o cobre (Cu), o níquel (Ni), o zinco (Zn). A esta lista há que acrescentar o arsénio (As) e o selénio (Se).

Devido à elevada densidade de alguns metais tóxicos, muitos autores habituaram-se a utilizar o termo "metais tóxicos" em vez de metais pesados, uma vez que, durante décadas, houve uma opinião generalizada que confundia metais pesados com metais tóxicos. Mas, atualmente, é claro que alguns metais pesados não só não são tóxicos, como apenas uma pequena quantidade tem um efeito significativo no metabolismo dos organismos vivos (Dikilitas *et al.*, 2016; Chojnacka *et al.*, 2014; Zhuang 2019). Por outro lado, alguns metais mais leves, como o berílio, com uma gravidade específica de 1,85, têm uma elevada toxicidade (Malayeri 1995). O risco ecotoxicológico da contaminação por metais em ambientes terrestres não agrícolas segue geralmente o caminho do solo para a planta, depois para os animais e os seres humanos (Remon 2006). Os elementos de metais vestigiais não são degradáveis por processos químicos ou biológicos naturais; por conseguinte, a sua acumulação persiste no ambiente durante longos períodos (Andaloussi *et al.*, 2021).

Para isso, é interessante estudar a planta *Urtica dioica* (L.) utilizando a espetroscopia de infravermelhos, as análises termodiferenciais e termogravimétricas (ATD/ATG) para evidenciar as suas perdas de massa e a determinação de todas as funções das moléculas presentes na referida planta. Por outro lado, determinar o seu teor em metais pesados utilizando o espetrofotómetro de absorção atómica (AAS).

2. METODOLOGIA

2.1. Obtenção e preparação de material vegetal

A cidade de Meknes (33°53'36N/5°32'50W) é famosa pelo seu clima subtropical. Por esta razão, as urtigas vivem livremente em todos os cantos da cidade. A colheita termina em fevereiro. A secagem é efectuada durante 15 dias num local seco e escuro (Figura 1).

2.2. Análise termogravimétrica e termodiferencial

A análise termogravimétrica é um tipo de análise térmica que mede a alteração da massa da amostra ao longo do tempo a uma determinada temperatura ou curva de temperatura. O objetivo da análise térmica diferencial é acompanhar a evolução da diferença de temperatura entre a amostra em estudo e a amostra de controlo. Para isso, 5 mg de pó de planta são introduzidos num cadinho de alumínio para análise térmica. O aparelho utilizado é do tipo Shimadzu 60 que efectua simultaneamente DTA/TGA.

Figura 1: A planta *Urtica dioica* (L.)

2.3. Espectroscopia de infravermelhos

A identificação e a determinação das funções químicas presentes na *Urtica dioica* (L.) foram registadas através da técnica de espetroscopia de infravermelhos. As bandas de absorção são expressas em cm^{-1} .

2.4. Calcinação

Durante o processo de aquecimento, ocorre uma variedade de reacções químicas que provocam. O material altera-se e decompõe-se. A calcinação é efectuada numa mufla a diferentes temperaturas: 110°C, 350°C e 600°C.

2.5. Espectroscopia de absorção atómica (AAS)

Após a calcinação da planta a 600°C, as cinzas obtidas são tratadas por mineralização com ácido nítrico concentrado e depois filtradas em papel Whatman 0,45 um para obter uma solução pronta a utilizar para a determinação da concentração. Metais pesados por espetrometria de absorção atómica

3. RESULTADOS E DISCUSSÃO

Após a colheita da planta de *Urtica dioica* (L.). Seca e moída, procedeu-se a uma análise preliminar desta última por espetroscopia de infravermelhos de transformada de Fourier, a fim de determinar todas as funções presentes nas moléculas contidas nesta planta.

Para o efeito. 10 mg do pó da planta de *Urtica dioica* (L.). O pó foi triturado na presença de 100 mg de KBr num almofariz de ágata. O pó assim obtido foi analisado por espetroscopia de infravermelhos.

O espetro de IV do pó cru de *Urtica dioica* (L.) mostra a presença de uma banda intensa e larga em torno de 3500 cm^{-1} correspondente à banda de vibração (OH) da função ácida, e outra banda que aparece em torno de 2900 cm^{-1} atribuível à banda de vibração de valência tetragonal (CH). Do mesmo modo, nota-se a presença de uma banda fina em torno de 1700 cm^{-1} relacionada com a banda de vibração de valência de (C = O) da função ácida. A partir destes dados, pode presumir-se que o pó contém moléculas orgânicas com uma função ácida (Figura 2).

A análise termogravimétrica (TGA) e a análise térmica diferencial (DTA) foram efectuadas utilizando um analisador fornecido pela DTA 60, a uma temperatura de 25°C até 600°C e uma taxa de aquecimento de 20/min.

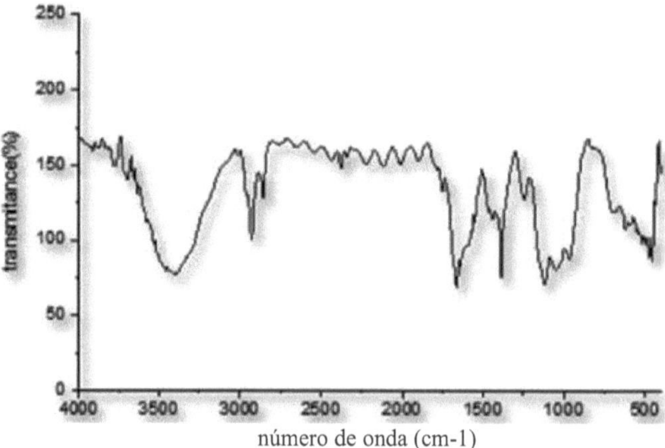

número de onda (cm-1)

Figura 2: Espectro de infravermelhos do pó de *Urtica dioica* (L.) em bruto

4

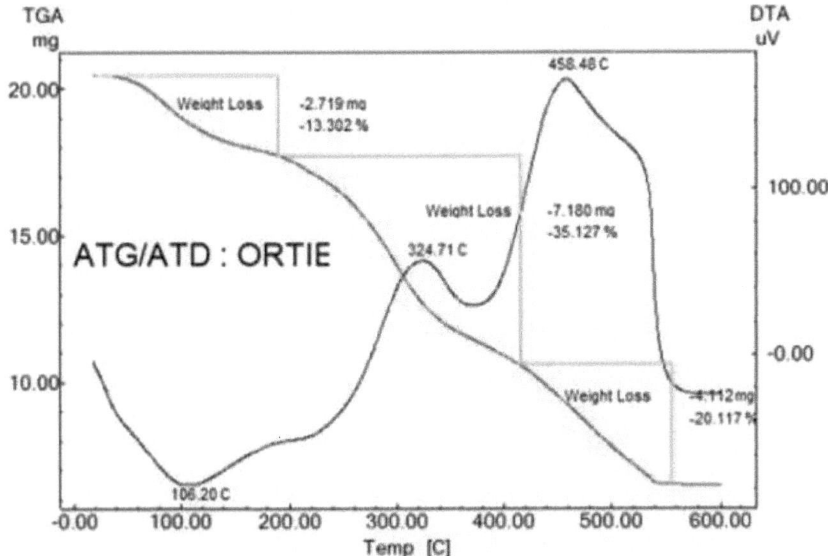

Figura 3: Curva ATD/ATG do pó cru das folhas de *Urtica dioica* (L.)

A degradação térmica da amostra pode ser identificada pela diminuição do seu peso. A diferença de massa é devida às reacções de combustão endotérmicas e exotérmicas que ocorrem, o processo de transformação é caracterizado pela degradação térmica apresentada por 3 etapas, a perda de peso inicial (-13,302%, -2,719 mg) observada a 110°C é atribuída à evaporação da água contida na planta. A segunda etapa é observada a T = 325°C e corresponde ao início da degradação térmica da matéria orgânica com uma perda de massa de (-35,127%, - 7,180 mg). A terceira etapa, situada a uma temperatura de 600°C, regista uma perda de massa de (-20,117%, - 4,112 mg) correspondente à perda total de matéria orgânica.

O diagrama ATD da planta mostra picos que indicam as diferentes reacções de degradação. Um pico endotérmico a 70,62°C é atribuído à evaporação da água absorvida e dois picos exotérmicos a 324,71°C e 458,48°C são atribuídos à degradação da matéria orgânica (Figura 3).

Para explicar esta perda de massa, a amostra foi calcinada numa mufla a diferentes temperaturas: 110°C, 350°C e 600°C, sendo depois analisada por espetroscopia de IV. Os resultados desta calcinação são apresentados na tabela seguinte (Tabela 2).

Tabela 2: Perda de massa da *Urtica dioica* (L.) durante a calcinação

Temperatura	M_i (g)	M_f (g)	Uma perda de massa (%)
110	10	7.955	20.45
350	10	3.944	60.56
600	10	2.605	73.95

Os dois resultados do ATD/ATG e da calcinação mostram claramente que, a uma temperatura de 600°C, a planta perdeu uma massa variante entre 68,55% e 73,95%. O resto da planta é matéria mineral. Ao mesmo tempo, as massas obtidas foram analisadas por espetroscopia de infravermelhos. Os espectros de infravermelhos dos compostos obtidos às temperaturas de 110°C, 350°C e 600°C são apresentados na figura 4.

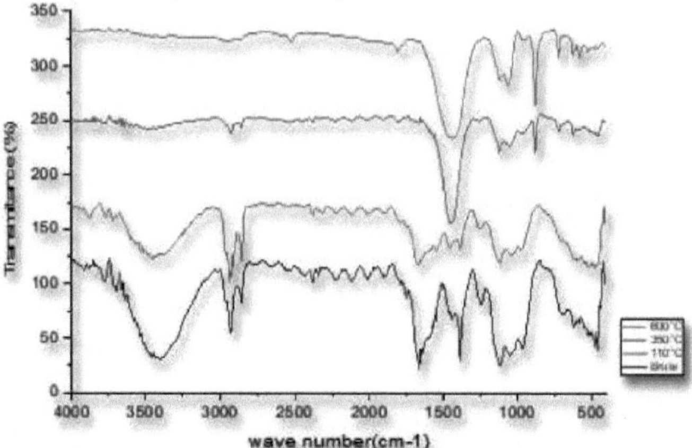

Figura 4: Espectro de infravermelhos da *Urtica dioica* (L.) a várias temperaturas

No espetro de infravermelhos da planta calcinada a 110°C, regista-se uma diminuição da banda OH. Isto deve-se à evaporação das moléculas de água na planta. Enquanto que para uma temperatura de 350°C, o espetro de IV mostra o desaparecimento da banda de vibração de valência (OH). E a diminuição da banda de vibração da função CH em torno de 2900 cm^{-1} . Isto significa o desaparecimento parcial da matéria orgânica. Para o espetro de infravermelhos da planta calcinada a 600°C, registamos o desaparecimento total da matéria orgânica. E observamos o aparecimento de uma nova banda em torno de 1078 cm^{-1} que pode ser atribuída à banda de vibração Si- O da sílica, e outra banda em torno de 874 cm^{-1} que pode corresponder ao quartzo. A banda a 1460 cm^{-1} e uma banda a 712 cm^{-1} são respetivamente características das vibrações da função CO do carbonato de cálcio. Uma banda em torno de 3688 cm^{-1} é atribuída à vibração da ligação OH dos grupos hidroxila da caulinita (Fliou *et al.*, 2019) (Figura 5).

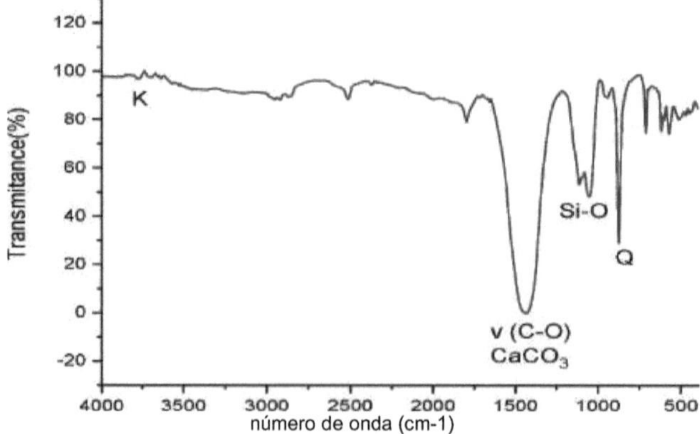

Figura 5: Espectro de infravermelhos da *Urtica dioica* (L.) a 600°C. (K: Caulinite, CaCO3: Calcinite, Q: Quartzo, SiO: Sílica)

3.1. Determinação do teor de metais pesados por espetrofotometria de absorção atómica
O objetivo deste trabalho é mostrar se a planta tem ou não oligoelementos tóxicos. Para isso, a planta de *Urtica dioica* (L.), que foi calcinada a uma temperatura de 600°C, é novamente mineralizada na presença de ácido nítrico. O filtrado obtido é analisado por espetrofotometria de absorção atómica. Os resultados do teor de metais pesados estão resumidos na Tabela 3.

Quadro 3: Teor de metais pesados da *Urtica dioica* (L.)

Metais	Contém na planta (gg/g)	Conteúdo de plantas normais pela OMS (gg/g) (Riffi *et al.*, 2020)	Teor de metais pesados no corpo humano (g/g) (Fliou *et al.*, 2020)
Ca	2590.00	-	19000.00
K	1070.00	-	-
Li	500.00	-	-
Cd	42.60	0.30	-
Na	36.80	-	800.00
Fe	13.10	-	60.00
Zn	2.90	-	33.00
Cu	1.20	150.00	1.00
Ni	0.21	-	0.02
Pb	0.14	10.00	-

Os resultados de absorção atómica obtidos revelaram níveis elevados de Ca e K com níveis elevados de

2590 ng/g e 1070 gg/g em *Urtica dioica* (L.). Nas plantas, os metais pesados (Cu, Zn, Ni, Fe, Co) são essenciais para os principais processos fisiológicos, em particular a respiração, a fotossíntese ou a assimilação de macronutrientes (Jadia *et al.*, 2009). E teores muito baixos de Pd e Cu na *Urtica dioica* (L.), respetivamente 0,14 gg/g e 1,20 gg/g. A concentração limite em matérias-primas vegetais é fornecida pela Organização Mundial de Saúde, de acordo com a "Revisão de Regulamentação" de vários países, sendo as normas actuais, respetivamente, chumbo 10 Lig/g e cobre 150 gg/g (Kabata-Pendias *et al.*, 2001). Relativamente ao teor de zinco, os resultados mostraram que *a Urtica dioica* (L.) tinha uma concentração muito baixa (2,90 g/g) em comparação com a literatura ou com Sathiyamoorthy et al. que referiu que o zinco estava mais concentrado em Populus euphratica a 113 g/g e em Achillea fragrantissima a 85 g/g (Sathiyamoorth *et al.*, 1997). Os resultados também mostraram que o teor de Fe em *Urtica dioica* (L.) é da ordem de 13, 10 g/g. Este último é mais elevado em comparação com os teores de Fe em *Urtica dioica* (L.). Este último é mais elevado em comparação com os teores encontrados por Smati et al. onde a concentração máxima de ferro é de 2,4 gg/g ao nível da folha e 2,16 gg/g ao nível do fruto Zygophyllumgeslini (Smati *et al.*, 2011). O teor de Cd obtido na *Urtica dioica* (L.) foi de 42,60 gg/g, um valor muito elevado em comparação com o limite de tolerância da OMS (0,3 gg/g). Este facto pode provavelmente ser explicado pela poluição do solo na região onde foi colhida. Além disso, o Zn e o Cd são os metais vestigiais mais móveis nos solos, em comparação com outros elementos como o Pb e o Cu (Rafiq *et al.*, 2022).

CONCLUSÃO
Neste trabalho, foi efectuado um estudo para analisar o pó da planta aromática e medicinal *Urtica dioica* (L.) da região de Meknes por ATD e ATG para determinar a perda de massa em

função da temperatura. Este fenómeno foi confirmado pela técnica de calcinação a diferentes temperaturas (110°C, 300°C e 600°C). O resíduo restânte foi utilizado para determinar o teor em metais pesados da planta *Urtica dioica* (L.) através da análise por espetrofotometria de absorção atómica (AAS). Os resultados obtidos mostraram que a planta tinha altos níveis de Ca e K, que podem ser considerados como nutrientes para as plantas, e baixos níveis de Pb, Cu e Zn.

REFERÊNCIAS

Bnouham. M, F.-Z. Merhfour, A. Ziyyat, H. Mekhfi, M. Aziz, et A. Legssyer, (2003) Antihyperglycemic activity of the aqueous extract of *Urtica dioica* (L.), *Fitoterapia*, 74 677681, https://doi.org/10.1016/S0367-326X(03)00182-5.

Bourgeois. C, E. A. Leclerc, C. Corbin, J. Doussot, V. Serrano, J. Vanier, J. Seigneuret, D. Auguin, Ch. Pichon, Laine.E, Ch. Hano., (2016) Urtiga (*Urtica dioica* (L.)) como fonte de fitoquímicos antioxidantes e anti-envelhecimento para aplicações cosméticas, *Comptes Rendus Chim.*,19(9) 1090-1100.

Ghedira. K, P. Goetz, et R. Le Jeune, (2009) *Urtica dioica* (L.), *Urtica urens* et/ou hybrides (Urticaceae), *Phytotherapie, 7(5)* 279-285.

Joshi.B. C, M. Mukhija, et A. N. Kalia, (2014) Revisão farmacognóstica de *Urtica dioica* (L.), Int. J. Green Pharm. IJGP, 8(4).

Legssyer.A, A. Ziyyat, H. Mekhfi, M. Bnouham, A. Tahri, M. Serhrouchni, J Hoerter e R. Fischmeister, (2002) Cardiovascular effects of *Urtica dioica* (L.) in isolated rat heart and aorta, *Phytother. Res.*,16(6) 503-507, https://doi.org/10.1002/ptr.1087.

Said. A. A. H, I. S. E. Otmani, S. Derfoufi, et A. Benmoussa, (2015) Destaques sobre o valor nutricional e terapêutico da urtiga, *Int. J. Pharm Pharm Sci.*, 7(10).

Dhouibi.R, H. Afes, M. Ben Salem, S. Hammami, Z. Sahnoun, Kh. M. Zeghal, K. Ksouda, (2020) Triagem de usos farmacológicos de *Urtica dioica* e outros benefícios, *Prog. Biophys. Mol. Biol.*,150 67-77.

Moreira.I. N, L. L. Martins, et M. P. Mourato, (2020) Efeito de Cd, Cr, Cu, Mn, Ni, Pb e Zn na germinação de sementes e crescimento de plântulas de duas cultivares de alface (Lactucasativa L.), *Plant Physiol.* 25(2) 347-358.

Dikilitas. M, S. Karakas, et P. Ahmad, (2016) Efeito do chumbo nos danos ao DNA de plantas e humanos e seu impacto no meio ambiente, *Plant Metal Interaction*, 3 41-67. Elsevier. https://doi.org/10.1016/B978-0-12-803158-2.00003-5.

Chojnacka. K et M. Mikulewicz, (2014) Bioaccumulation, *Encyclopedia of Toxicology*, 1 456-460. Elsevier. https://doi.org/10.1016/B978-0-12-386454-3.01039-3.

Zhuang. X, (2019) Chemical Hazards Associated with Treatment of Waste Electrical and Electronic Equipment, *Electronic Waste Management and Treatment Technology*, 14 311-334.Elsevier.https://doi.org/10.1016/B978-0-12-816190-6.00014-5.

Malayeri. B. E, (1995) Decontamination des sols contenant des mëtaux lourds a l'aide de plantes et de microorganismes, These de doctorat, Universite Henri Poincare de Nancy 1, France.

Remon. E, (2006) Tolerance et accumulation des metaux lourds par la vegetation spontanee des friches metallurgiques: vers de nouvelles methodes de bio-depollution, These de doctorat, Universite Jean Monnet de Saint-Etienne, France.

Andaloussi. K., H. Achtak, C. Nakhcha, K. Haboubi, et M. Stitou, (2021) Avaliação da contaminação por metais vestigiais do solo de um aterro não controlado e da sua vizinhança: o caso da cidade de "Targuist" (Norte de Marrocos), *Mor. J. Chem.*, 9(3).

Fliou. J, A. Ali, M. Elhourri, O. Riffi, et E. Mostafa, (2019) determinação do teor de metais pesados numa planta de daphnegnidium l. utilizando espetroscopia de absorção atómica, *Annales. Ser. hist. nat., 29* 253-258.

Riffi. O, J. Fliou, M. Elhourri, E. Mostafa, et A. Ali, (2020) Pesquisa e caraterização de determinantes que controlam a acumulação de certos metais nas folhas de dysphania ambrosioides, *Annales. Ser. hist. nat.*, 30 113-120.

Fliou.J, O. Riffi, A. Amechrouq, M. Elhourri, M. El Idrissi, H. Ahlafi, Z. Lhachimi,(2020) Rastreio fitoquímico e análise de metais pesados das folhas de Nerium oleander (L.), *Mediterr. J. Chem.*,10 346.

Jadia.C. Det M. H. Fulekar, (2009) Phytoremediation of heavy metals: Técnicas recentes, *Afr. J. Biotechnol.*, 8(6).

Kabata-Pendias.A, H. Pendias, (2001) Trace Elements in Soils and Plants, CRC Press, Boca Raton London New York Washington, 403.

Sathiyamoorth.P, P. Van Damme, M. Oven, et A. Golan-Goldhirsh, (1997) Heavy metals in medicinal and forder plants of the negev *desert, J. Environ. Sci. Health Part Environ. Sci. Eng. Toxicol.*, 32(8) 2111-2123.

Smati. D, V. Hammiche, M. Azzouz, B. Alamir, (2011) Dosage des mëtaux lourds dans les Zygophyllum rëputës antidiabëtiques. *Ann Toxicol Anal.* 23(3) 125-132.

Rafiq. F, M. Techetach, Y. Boundir, H. Achtak, B. Mandri, A. Benhamdoun, O. Cherifi, A. Dahbi, (2022) Primeira exploração vertical da contaminação organometálica de sedimentos no porto de pesca de Safi (oeste de Marrocos), *Mor. J. Chem.*, 10(1) 115-126.

CAPITULO 2

ESTUDO COMPARATIVO DA COMPOSIÇÃO QUÍMICA E DAS ACTIVIDADES ANTIOXIDANTES DO ÓLEO ESSENCIAL DE *PELARGONIUM GRAVEOLENS* DAS QUATRO REGIÕES DE MARROCOS

RESUMO

Pelargonium graveolens é uma planta que pertence à família Geraniaceae nativa da África do Sul. É reconhecida pelo seu aroma e óleo essencial que é amplamente utilizado na indústria cosmética, na aromaterapia e como agente aromatizante de alimentos. É também conhecida pelas suas propriedades antifúngicas, antimicrobianas, anti-inflamatórias e antiespasmódicas.Para isso, é interessante estudar a composição química do óleo essencial de *Pelargonium graveolens* das quatro regiões de Marrocos (Er-Rachidia, Meknes, Rabat, Tetouan) por cromatografia gasosa acoplada à espetrometria de massa (GC- MS), e determinar as semelhanças e dissemelhanças da composição química destes quatro óleos essenciais, realizando uma análise, por um lado, na composição principal (ACP) e, por outro lado, avaliando as suas actividades antioxidantes por dois métodos DPPH e CAT. Os resultados mostraram que o óleo essencial de *Pelargonium graveolens* das quatro regiões contém principalmente в-Citronelol, Geraniol, formiato de citronelil, epi-Y-Eudesmol, tiglato de geranilo e Linalol. Por outro lado, a atividade antioxidante do óleo essencial de *Pelargonium graveolens* pelo método DPPH medido mostrou que os valores IC50 da região de Meknes são inferiores aos valores IC50 encontrados nas regiões de Er-Rachidia, Tetouan e Rabat.

Palavras-chave: *Pelargonium graveolens*, óleo essencial, GC-MS, atividade antioxidante, ACP

1. INTRODUÇÃO

Os óleos essenciais são componentes activos resultantes do metabolismo secundário das plantas medicinais, têm sido utilizados desde a antiguidade e são amplamente utilizados pelas suas propriedades biológicas (antimicrobiana, antioxidante, analgésica, anti-inflamatória, anti-carcinogénica, antiparasitária, inseticida, etc.) (Bakkali *et al.*, 2007) e pelas suas aplicações em múltiplas e diversas indústrias: cosmética, farmacêutica, perfumaria (Likibi *et al.*, 2015) e alimentar (Burt, 2004). São também conhecidos pelas suas actividades antioxidantes e como conservantes alimentares (El Arch *et al.*, 2003).

O Pelargonium graveolen sbelong *pertence* à família Geraniaceae. É um arbusto peludo perene nativo da África do Sul, que pode atingir até 1 m de altura (Chraibi *et al.*, 2021).

A composição química dos óleos essenciais varia em função do clima, da altitude, da natureza do solo e do seu pH, do período de colheita e da técnica de secagem e extração (Atailia e Abdelghani, 2015).

Para isso, é interessante estudar a composição química do óleo essencial de *Pelargonium graveolens* das quatro regiões de Marrocos (Er-Rachidia, Meknes, Rabat, Tetouan) por cromatografia gasosa acoplada à espetrometria de massa (GC-MS), e determinar as semelhanças e dissemelhanças da composição química destes quatro óleos essenciais, efectuando uma análise, por um lado, na composição principal (PCA) e, por outro lado, avaliando as suas actividades antioxidantes por dois métodos (DPPH, CAT).

2. MATERIAIS E MÉTODOS

2.1. Instalação utilizada

A parte aérea (caules, folhas e flores) de *Pelargonium graveolens* foi colhida em maio de

2020 nas quatro regiões de Marrocos: Er-Rachidia (31° 55' 38.05" N 4° 25' 42.593" W), Meknes (33°53'42"N,5°33'17"W), Rabat (33°58'17.725 "N6°50'59.326 "W), Tetouan (35°35'20.038 "N5°21'45.186 "W).

2.2. Determinação do teor de humidade

O teor de humidade foi determinado através da secagem de 5g de material vegetal numa estufa a uma temperatura de 105°C. A medição da massa (m) é efectuada após cada utilização até à estabilização. Esta análise é efectuada em 3 amostras nas mesmas condições até se obter um peso constante. O teor de humidade é expresso pela fórmula :

$$MC(\%) = \frac{mf - ms}{mf} \times 100$$

Em que mf e ms são, respetivamente, as massas da parte da planta no estado fresco e no estado seco.

2.3. Extração de óleos essenciais

A extração foi realizada por hidrodestilação num aparelho do tipo Clevenger. Introduziram-se 100 g de matéria vegetal em 1000 mL de água. A mistura foi fervida durante 3 horas. O rendimento do óleo essencial é expresso pela quantidade de óleo obtida por 100 g de matéria vegetal seca. A essência foi armazenada num frasco de vidro castanho, a uma temperatura baixa (4°C) e protegida da luz.

$$Yield\ (\%) = \frac{m(essential\ oil)}{m(plant\ matter)} \times 100$$

2.4. Análise cromatográfica

Os óleos essenciais foram analisados por cromatografia gasosa acoplada à espetrometria de massa do tipo Thermo scientific TM, equipada com um injetor automático e uma coluna apolar (30 m x 0,32 mm i.d. espessura do filme: 0,25 pm), acoplada a um detetor de ionização de chama (FID). O gás de arrastamento é o hélio (1,5 mL/min). A temperatura do injetor é de 250°C e a do detetor de 250°C. A programação da temperatura consiste num aumento de 40°C para 200°C, a 4°C/min. A injeção é feita em modo split com um rácio de divisão de 1/50. A quantidade de amostra injetada é de 1 pl. A deteção dos iões é feita por um analisador com filtro quadripolar.

As moléculas são normalmente bombardeadas por um feixe de electrões de 70 eV. O dispositivo está ligado a um sistema informático que gere uma biblioteca de espectros de massa NIST.

2.5. Análise estatística: Análise de componentes principais (PCA)

A utilização da análise de componentes principais (ACP) permite resumir o máximo de informação possível para facilitar a interpretação de um grande número de dados iniciais e dar mais significado aos dados reduzidos. Esta análise consiste em transformar as "p" variáveis quantitativas iniciais intercorrelacionadas em "p" variáveis quantitativas correlacionadas ou não correlacionadas, denominadas "componentes principais".

Tem como objetivo realçar, sob forma gráfica, o máximo de informação contida numa tabela de dados com um grande número de descritores, conhecer a quantidade de variância explicada por alguns eixos principais independentes e identificar as relações entre as variáveis e as leituras. Permite obter uma representação da nuvem de pontos num espaço de dimensão reduzida de modo a que a inércia transportada por este espaço seja a maior possível. É utilizado quando se trata de descrever um quadro de variáveis numéricas contínuas do tipo "variáveis quantitativas x indivíduos" (Silou *et al.*, 2017).

Os estudos estatísticos foram efectuados com o XLSTAT Versão 2016. A PCA foi realizada com matrizes do tipo Pearson. Os HACs e dendrogramas foram produzidos com matrizes de dissimilaridade calculadas em distância euclidiana e o método de agregação sistematicamente escolhido é a ligação média.

2.6. Cromatografia preparatória

Os óleos essenciais de *Pelargonium graveolens* foram cromatografados em placas de sílica de 20 x 20 cm nas seguintes condições: DC kieselgel 60 F254, espessura da camada: 0,25 mm, solvente de migração: (éter/hexano) (10 /90). A mistura a separar é depositada sob a forma de uma banda estreita através da justaposição de pontos ao longo da linha de partida. Após a separação dos constituintes da mistura sob a forma de bandas paralelas, cada banda é sucessivamente destacada com uma espátula. A banda de sílica, incluindo o produto destacado, foi solubilizada em metanol. Após filtração e evaporação do solvente, as fracções puras foram assim isoladas.

2.7. Actividades antioxidantes do óleo essencial de *Pelargonium graveolens*

Estes testes foram efectuados pelo método DPPH (2, 2-difenil-1-picril hidrazil) (Bounatirou *et al., 2007*). Em tubos de ensaio, 50 ui de cada solução de extractos metanólicos em diferentes concentrações (de 0,025 a 2,5 mg/mL) foram adicionados a 2 mL de solução metanólica de DDPH (25 mg de DDPH em 100 mL de metanol). Os tubos de ensaio foram deixados no escuro durante 30 minutos à temperatura ambiente. A leitura é efectuada medindo a absorvância a um comprimento de onda de 517 nm. Os resultados são expressos como percentagem de inibição de radicais livres (I%) utilizando a seguinte fórmula:

$$I(\%) = [1 - (\text{Amostra de Abs} - \text{Controlo negativo de Abs})] \times 100$$

I%: Percentagem de inibição dos radicais livres;

Abs amostra: absorvância da amostra;

Abs controlo negativo: Absorvância do controlo negativo.

2.8. Capacidade antioxidante total

Este teste baseia-se na redução do molibdénio Mo (VI) sob a forma de iões molibdato MoO_4^{2-} a molibdénio Mo (V) MoO_2^{+} na presença de um antioxidante (Prieto *et al.*, 1999). O método consiste em adicionar 0,3 mL de cada extrato em diferentes concentrações a um tubo de ensaio misturado com 3 mL de um reagente composto por H_2SO_4 (0,6 M), Na_2PO_4 (28 mM) e molibdato de amónio (4mM). A mistura foi incubada a uma temperatura de 95°C durante 90 minutos. Após arrefecimento, a absorvância foi medida a um comprimento de onda de 695 nm. Os controlos foram incubados nas mesmas condições.

3. RESULTADOS E DISCUSSÃO

3.1. Teor de humidade do *Pelargonium graveolens* nas quatro regiões

A análise das amostras (parte aérea) de *Pelargonium graveolens* provenientes das quatro regiões revelou uma taxa de humidade elevada, entre 76,8% e 81,7%. Estes valores são explicados pelos diferentes tipos de climas das regiões estudadas: Er-Rachidia (árido), Meknes (semi-árido), Tetouan (húmido) e Rabat (mediterrânico). Os resultados obtidos são apresentados no quadro 1. Estes resultados são semelhantes aos encontrados por Atailia e Abdelghani, (2015) e Boukhris *et al.*, (2013).

Quadro 1: Teor de humidade do *Pelargonium graveolens* nas quatro regiões

Regiões	Errachidia	Rabat	Tetuão	Meknes
Taxa de humidade (%)	80.1	76.8	78.5	81.7

3.2. Rendimento do óleo essencial

Os rendimentos de óleos essenciais são 0,213%, 0,239%, 0,308% e 0,381%, respetivamente, para *Pelargonium graveolens* de Er-Rachidia, Rabat, Tetouan e Meknes (Figura 1). Estas variações no teor podem dever-se a vários factores, em particular o tempo de extração, o nível de humidade, a natureza do solo, a fase vegetativa da planta e a interação com o ambiente (El Idrissi *et al.*, 2016).

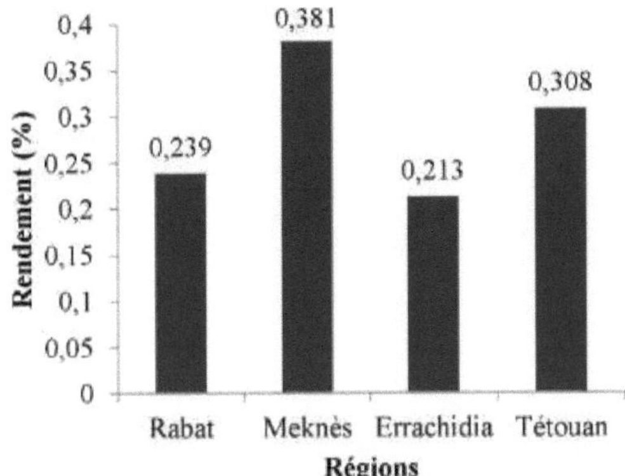

Figura 1: Rendimentos dos óleos essenciais obtidos de *Pelargonium graveolens* das 4 regiões

Análises cromatográficas do óleo essencial de *Pelargonium graveolens* das 4 regiões As análises cromatográficas do óleo essencial de *Pelargonium graveolens* das quatro regiões mostraram que o B-Citronelol e o Geraniol, o formiato de citronelil, e o epi-Y-Eudesmol, o tiglato de geranil, o Linalol, foram encontrados como compostos principais em todos os óleos essenciais.

Foram encontrados 26 constituintes no óleo essencial de *Pelargonium graveolens* de Errachidia com uma proporção de 86,65%, incluindoepi-Y-Eudesmol (16,67%), Geraniols (12,54%), B-Citronellol (12,34%), Citronellyl formate (7,70%), Geranyl tiglate (5,21%), Linalool (4,06%) estão na maioria.

Foram encontrados 32 constituintes no óleo essencial de *Pelargonium graveolens* da região de Meknes com uma proporção de 97,26%, incluindo B-Citronellol (12,60%), epi-Y-Eudesmol (12,22%), Geranyl tiglate (7,84%), Geraniols (6,94%), Citronellyl formate (5,49%), Linalool (2,13%) estão na maioria.

Para o óleo essencial de *Pelargonium graveolens* da região de Rabat, o cromatograma regista a presença de 24 constituintes com uma proporção de 85,59%, incluindo B-Citronellol (13,31%), Geraniols (9,67%), epi-Y-Eudesmol (8,73%), Geranyl tiglate (6,45%), Citronellyl formate (7,28%), Linalool (3,31%) estão na maioria.

Relativamente ao óleo essencial da região de Tetouane, o cromatograma revela a presença de 25 constituintes que representam aproximadamente 87,68%. Predominam o B-Citronelol (12,92%), os geranióis (11,08%), o epi-Y-Eudesmol (9,34%), o formiato de citronelilo (6,70%), o linalol (5,36%) e o tiglato de geranilo (4,08%).

É também de referir que certos compostos aparecem no óleo essencial de uma região e estão ausentes noutra, nomeadamente o acetato de geranilo, o propanoato de geranilo e o 6-cadineno.

Todos estes resultados encontrados quase coincidem com os resultados da literatura, especialmente para os óleos essenciais de *Pelargonium graveolens* da Argélia (Atailia e Djahoudi, 2015) e da Tunísia (Hsouna e Hamdi, 2012).

Quadro 2: Composição química do óleo essencial de *Pelargonium graveolens* das quatro regiões

Compostos	Marrocos				Argélia	Tunísia
	Er-Rachidia	Meknes	Rabat	Tetuão	Blida	Chebba
Linalol	4.06	2.13	3.31	5.36	5.6	6.54
Isomentona	1.71	1.88	3.86	4.82	3.08	0.18
a-Terpineol	0.46	-	-	0.55	-	0.30
в-Citronelol	12.34	12.60	13.31	12.92	19.22	27.53
Gëraniol	12.54	6.94	9.67	11.08	14.03	25.85
Formiato de citronelilo	7.70	5.49	7.28	6.70	10.02	8.75
Formato de geranilo	-	2.46	4.58	4.72	-	-
в-Bourboneno	1.14	1.00	1.15	1.39	2.75	0.22
Aceder a gerânios	1.90	1.74	-	-	6.45	0.74
в-Cariofileno	1.40	1.82	1.81	1.55	1.71	0.33
Propionato de citronelilo	-	0.90	1.05	0.66	0.56	-
a-Cariofileno	0.54	0.74	0.66	-	0.3	0.12
epi-e-cariofileno	0.77	1.11	0.66	0.77	-	-
Geranilpropanoato	-	2.45	-	-	-	0.15
Germacreno D	2.53	1.47	3.61	3.57	2.23	1.50
Viridflorene	3.39	4.56	2.62	2.65	-	-
6-Cadineno	-	2.01	-	-	-	0.59
Citronelilbutanoato	0.62	1.85	2.12	1.36	1.68	-
Butirato de geranilo	2.51	4.38	5.78	4.33	4.65	-
Espatulenol	0.64	2.00	0.73	1.19	0.16	-
Feniletiltilglato	2.70	4.89	3.65	4.08	1.89	-
epi-Y-Eudesmol	16.67	12.22	8.73	9.34	7.15	-
Agaruspirol	1.32	1.71	-	-	-	-
a-Feruleno	1.75	1.43	0.93	0.78	-	-
Hedycaryol	-	2.21	-	-	-	-
в-Eudesmol	-	2.61	1.42	1.39	-	-
Glubulol	-	1.08	-	-	-	-
a-Cadinol	2.01	-	-	0.52	-	0.39
Geranyltiglate	5.21	7.84	6.45	4.08	-	1.92
Nerilhexanoato	0.50	2. 34	0.81	0.85	-	-
Geranilheptanoato	-	0.86	0.81	-	-	-
Geraniloctanoato	-	0.74	0.65	-	-	-
a-Copaeno	0.68	-	-	0.59	0.27	0.18
a-agorofurano	0.98	0.61	-	-	-	0.19
Cadina-1,4-dieno	0.58	1.19	-	-	-	0.25
Hidrocarbonetos monoterpenos	12.78	15.33	11.44	10.52	7.26	3.19
Nota oxigenada	52.73	44.11	36.44	33.86	40.56	53.98

rpenos
terapeuta dioxigenado 21.14   34.97   33.18   26.78   12.25   11.56
s

Total	86.65%	97.26%	85.59%	87.68%	83.55%	76.14%

(-) : Ausência

3.3. Análise de componentes principais (PCA) para os compostos principais dos óleos essenciais de *Pelargonium graveolens* de 6 regiões

A análise das relações entre a composição química dos óleos essenciais de *Pelargonium graveolens* provenientes de Errachidia, Meknes, Rabat, Tetouan, Blida (Argélia) e (Chebba) Tunísia foi efectuada segundo o método (ACP), tendo em conta apenas as variáveis discriminantes. Para efetuar esta análise, foram escolhidos dois primeiros eixos factoriais. A dispersão das espécies de *Pelargonium graveolens* no plano formado por estes dois eixos em relação às variáveis escolhidas explica 78,90% da variabilidade, dos quais 56,48% no primeiro eixo e 22,42% no segundo eixo (Figura 2). Esta figura mostra a separação de quatro grupos nos sistemas de dois eixos:

O grupo formado pelo óleo essencial de *Pelargonium graveolens* de Chebba (Tunísia) caracteriza-se por elevados teores de geranióis e в-Citronelol.

O óleo essencial de *Pelargonium graveolens* de Blida (Argélia) forma um grupo próximo do óleo essencial de *Pelargonium graveolens* de Chebba (Tunísia) por uma elevada taxa de Linalool. O elevado teor de formiato de citronelilo, acetato de geranilo e в-Bourboneno permitiu separar este grupo dos outros grupos;

O grupo formado pelo óleo essencial de *Pelargonium graveolens* de Tetouan e Rabat caracteriza-se por um elevado teor de epi-Y-Eudesmol e de formiato de geranilo. Este grupo aproxima-se do segundo grupo por um teor elevado de germacreno D, isomentona e butirato de geranilo.

O grupo formado pelo óleo essencial de *Pelargonium graveolens* de Er-rachidia e Meknes é caracterizado por níveis elevados de Viridfloreno e Tiglato de geranilo. Este grupo está próximo do terceiro grupo pelo mesmo teor de Tiglato de fenil etilo.

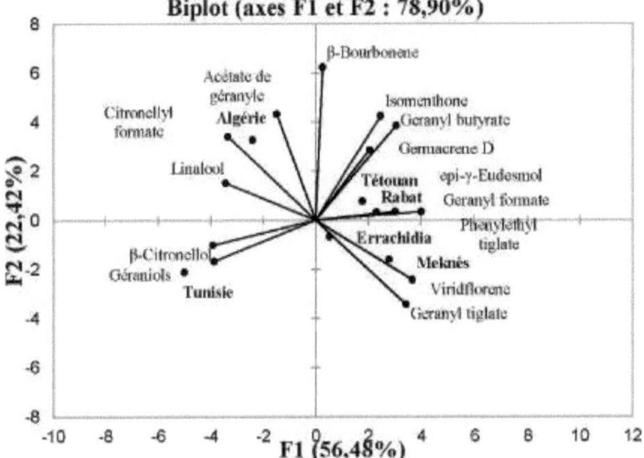

Figura 2: Análise de componentes principais do composto principal dos óleos essenciais de *Pelargonium graveolens* das seis regiões estudadas

O dendrograma visualizou claramente as ligações entre os óleos essenciais de *Pelargonium graveolens* nas regiões estudadas (Figura 3).

Dendrograma

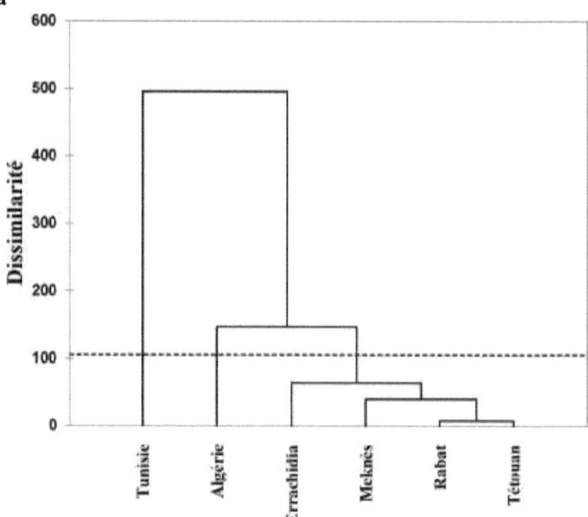

Figura 3: Dendrograma obtido a partir da análise da composição dos óleos essenciais de
Pelargonium graveolens

3.4. Separação por cromatografia em camada fina preparativa

2 g de óleo essencial de *Pelargonium graveolens* da região de Er-Rachidia foram cromatografados em placas de sílica de 20x20 cm. Foram recuperadas seis fracções: F1 (0,576g), F2 (0,374g) e F3 (0,034g), F4 (0,06g), F5 (0,25g) e F6 (0,24g).

Os espectros de IV das seis fracções (Figura 5) registam uma banda larga em torno de 3500 cm^{-1} relacionada com as bandas de vibração de valência da função álcool, e uma banda de vibração de valência em torno de 2980 cm^{-1} atribuível ao grupo alquilo.

Os espectros de IV das cinco fracções F1, F2, F3, F5 e F6 (Figura 4) registam bandas em torno de 3500 cm^{-1} relativas às bandas de vibração de valência da função álcool, e bandas de vibração de valência em torno de 2980 cm^{-1} atribuíveis ao grupo alquilo.

Por outro lado, os espectros das fracções F1, F2 e F3 registam também bandas de vibração de valência em torno de 1644 cm^{-1} atribuíveis às bandas de vibração de y(C=C). Enquanto os espectros das fracções F4, F5 e F6 apresentam bandas de vibração de valência em torno de 1715 cm^{-1} atribuíveis à banda de vibração de y(C=O). Fliou *et al.,* (2022) conseguiram detetar as mesmas bandas das funções álcool e cetona da planta Lavandula x Intermedia (Fliou *et al.,* 2022).

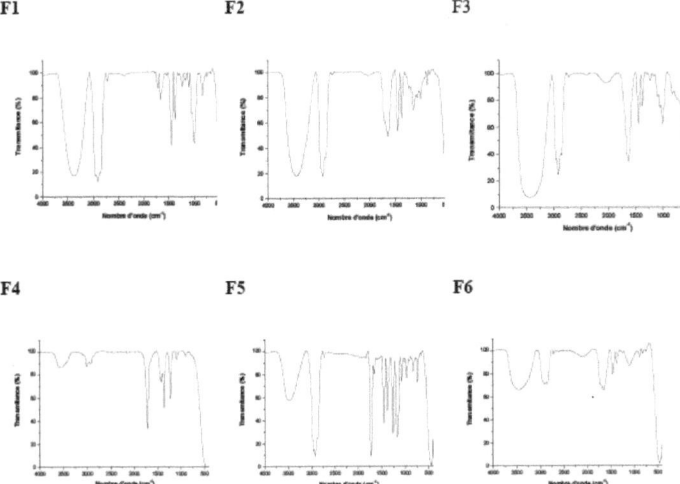

Figura 4: Espectros de infravermelhos das fracções F1, F2, F3, F4, F5 e F6

A análise GC/MS da fração F1 do óleo essencial de *Pelargonium graveolens* identificou 97,03% da sua composição química. É constituída principalmente por в-Citronelol (35,83%), Geraniol (38,78%) e E-Farnesol (9,26%). Por outro lado, a fração F2 representa 98,96% da composição química, incluindo Y-Eudesmol (55,10%), a-feruleno (5,05%), a-Agarofurano (8,41%), в-Eudesmol (5,03%). Para a fração F3, foi revelado que 76,69% da composição química da qual o trans-geranil geraniol (23,70%), Y-Eudesmol (17,53%), Phenyl ethyl tiglate (12,01%) são a maioria. A fração F4 contém 87,6% da composição química com predominância de Tiglato de fenil etilo (58,19%), a-Agarofurano (8,49%), e acetato de 3,7-dimetil-2,6-octadien-1-ol (7,17%), e Epoxi farnesol (5,88%).

A fração F5, que representa 91,43% da composição química, é constituída principalmente por tiglato de geranilo (30,75%), formiato de citronelilo (7,61%), butanoato de geranilo (10,94%), propanoato de geranilo (7,15%), formatos de geraniol (6,83%).

A fração F6 representa apenas 58,54% da composição química, sendo o principal composto o 1-isopropil-4,7-dimetil-1, 2, 3, 5, 6,8a-hexa hidronaftaleno (12,08%), o 6-Guaieno (7,03%) e o Viridifloreno (7,66%).

Quadro 3: Composição química das fracções de óleo essencial de *Pelargonium graveolens* da região de Er-rachidia

Compostos■	Percentagem (%)					
	F1	F2	F3	F4	F5	F6
Linalol	0.674	-	-	-	-	-
a-terpinenol	1.45	-	-	-	-	-
в-Citronelol	35.83	3.19	-	-	2.88	-
Geraniol	38.78	0.40	-	-	2.49	-
Formiato de citronelilo	-	-	-	-	7.61	-
Formato de geranilo	-	-	-	-	6.83	-
acetato de 3,7-dimetil-2,6-octadieno-1-ol	-	-	-	7.17	-	-

	1	2	3	4	5	6
propanoato de citronela	-	-	-	-	1.30	-
propanoato de geranilo	-	-	-	-	7.15	-
Viridifloreno	-	-	-	-	-	7.66
1-isopropil-4,7-dimetil-1,2,4a,5,6,8a- hexa-hidronaftaleno, (1a,4aa,8aa);	-	-	-	-	-	3.69
Butil-hidroxitolueno	-	-	-	2.31	-	-
propanoato de nerilo	-	-	-	-	2.62	-
Y-cadineno	-	-	-	-	-	3.09
1-Isopropil-4,7-dimetil-1,2,3,5,6,8a-hexahidronaftaleno	-	-	-	-	-	12.08
Cadina-1,3,5-trieno	-	-	-	-	-	3.33
2,4-di-t-Butilfenol	-	-	1.83	-	-	-
butanoato de citronela	-	-	-	-	2.87	-
2,6-Dimethyl-1,7- octadiene-3,6-diol	-	-	-	1.36	-	-
Ciclo-hexanol, 1-(2- hexёnil)	0.78	-	-	-	-	-
a-Dё-hidro-himachaleno	-	-	-	-	-	2.31
butanoato de geranilo	-	-	-	-	10.94	-
(E)-Calacoreno	-	-	-	-	-	4.01
D-Germacren-4-ol	-	-	-	-	-	4.81
a-Agarofurano	-	8.41	-	8.49	-	--
в-Spathulenol	-	0.65	0.45	-	-	-
Globulol	0.24	0.06	-	-	-	-
2-metilbutanoato de geranilo	-	-	-	-	3.36	-
Feniletiltilglato	-	-	12.01	58.19	-	-
Virdiflorol	-	1.06	0.52	-	-	-
(+)-Ledol	-	0.66	-	-	-	-
5-epi-7-epi-a-Eudesmol	-	0.53	-	-	-	-
epi-a-Cubenol	-	1.78	1.09	-	-	-
Y-Eudesmol	0.10	55.10	17.53	1.08	-	-
1-10-epi-Cubenol	-	2.39	0.50	0.81	-	-
elema-1,3-dien-6a-ol 6-epi-shyobunol	-	-	2.51	-	-	-
epi-Y-Eudesmol	-	0.93	-	-	-	-
Agaruspirol	0.44	3.53	-	-	-	-
ёpi-a-cadinol	-	0.65	0.45	-	-	-
Isopentanoato de geranilo;	-	-	-	-	1.42	-
a-Isocomene	-	-	1.89	-	-	-
a-feruleno	0.53	5.05	-	-	-	-
tiglate de citronellyle	-	-	-	-	3.27	-
a-Guaiol	-	3.02	-	-	-	-
в-Eudesmol	2.23	5.03	4.14	-	-	-

Hidroxiéter de Widdrol	0.36	-	-	-	-	-
Glubulol	-	2.50	0.40	-	-	-
óxido de Ledene	-	0.55	-	-	-	-
tiglate de geranyle	-	-	-	-	30.75	-
Eudesm-11-en-1-ol	-	0.95	-	-	-	-
acetato de neryle	-	-	-	-	3.22	-
trans-geranilgeraniol	-	-	23.70	-	-	-
Epóxido de cis-Z-a-Bisaboleno	-	-	-	1.34	-	-
Hexanoato de nerilo	-	-	-	-	1.13	-
óxido de trans-Linalol	-	-	-	-	1.33	-
palmitato de geranilo; Hexarose	0.70	-	-	-	-	-
2-(7-heptadeciniloxi) tetra-hidro-2H-pirano	-	-	-	-	-	1.48
Epoxifarnesol	-	-	-	5.88	1.03	-
heptanoato de geranilo	-	-	-	-	1.23	-
Acido undëc-10-ynoique, éster de tridec-2-yn-1-yle	-	-	-	-	-	3.18
Hexa-hidrofarnesil acetona	-	-	4.09	-	-	-
Ftalato de isobutilo	-	0.17	3.18	0.22	-	-
Oxyde d'aromadendrene 2	-	-	-	-	-	4.46
Farnesol	1.56	-	-	-	-	-
octadecanoato de geranilo	-	-	-	-	-	1.41
(Z)-hexadeca-9- enoato de geranilo	0.12	-	-	-	-	-
6-Guaieno	-	-	-	-	-	7.03
Geranyllinallol	-	0.23	-	-	-	-
6,11-dimethyl-2,6,10-dodëcatriene-1-ol	3.84	-	-	-	-	-
cis-Farnesol;	0.19	-	-	-	-	-
Acetato de 3,7,11,trimetil- 8,10-dodecienilo	0.17	-	-	-	-	-
(E)-Farnesol	9.26	-	-	-	-	-
Epimanol	-	0.56	2.40	-	-	-
n-Heptacosano	-	0.42	-	0.75	-	-
Terpeno-hidrocarbonetos	0.53	5.76	1.89	0.75	0	43.2
Compostos de terpenos mono-oxigenados	95.15	92.34	61.93	14.03	16.31	9.27
Compostos de dioxigenterpenos	1.35	0.69	12.01	72.6	75.12	6.07
Compostos terpénicos tetra-oxigenados	0	0.17	3.18	0.22	0	0

3.5. Atividade antioxidante

3.5.1. A atividade anti-radicalar do DPPH

A atividade antioxidante do óleo essencial de *Pelargonium graveolens* das quatro regiões foi avaliada através de ensaios DPPH. As concentrações que proporcionam uma inibição de 50% (IC50) são calculadas a partir da curva e são apresentadas no Quadro 4. É de notar que os testes antioxidantes do ácido ascórbico continuam a ser superiores aos dos óleos das quatro regiões estudadas (Figura 5).

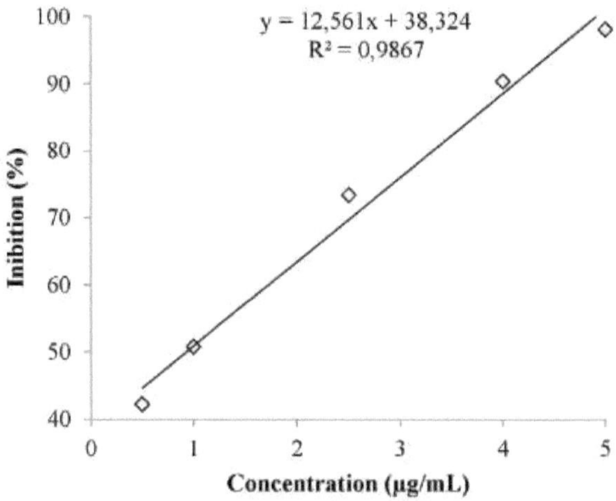

Figura 5: Curva de calibração do ácido ascórbico

No entanto, entre estas quatro regiões, o óleo essencial de *Pelargonium graveolens* de Meknes tem a maior atividade antioxidante com um IC50 de cerca de 121,05 Lig/ml, seguido pelo óleo essencial de Er-Rachidia com um IC50 de 142,73 e depois o óleo essencial de Tetouan com um IC50 de 169,78 Lg/ml, enquanto que o óleo essencial de Rabat tem uma baixa atividade antioxidante com IC50 de 198,66 Lg/ml (Figura 6).

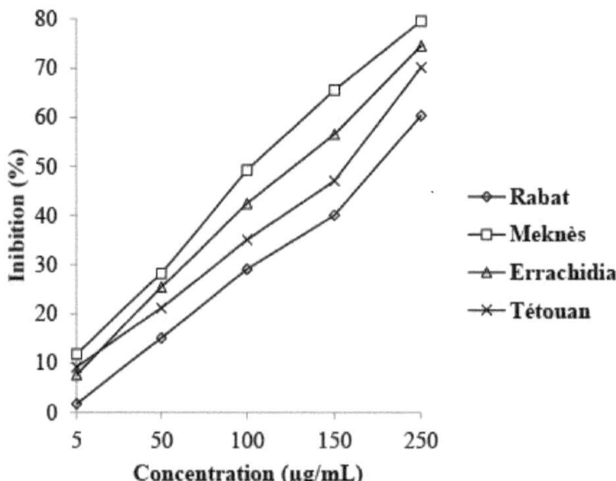

 Figura 6: Atividade antioxidante pelo método DPPH dos quatro óleos essenciais de *Pelargonium graveolens*

graveolens

Estes valores foram significativamente mais elevados do que os relatados para o óleo essencial de *Pelargonium graveolens* cultivado na Bósnia, onde os valores IC50 foram registados (63,70 ± 1,56 mg/mL) para as folhas e (64,88 ± 1,12 mg/mL) para os caules (El Arch *et al.*, 2003).

Ben ElHadj Ali *et al.*, (2020) conseguiram detetar um IC50 da ordem de 1280 ± 32 g/mL e 711 ± 17 Lig/ml. para os óleos essenciais das folhas e flores de *Pelargonium graveolens*, respetivamente (Ben ElHadj *et al.*, 2020).

Estes mostraram que a eficácia da redução do radical estável DPPH do óleo essencial de *Pelargonium graveolens* se deve provavelmente ao conteúdo de geraniol e citronela, que são potencialmente antioxidantes (Choi *et al.*, 2000).

Quadro 4: Concentração inibitória dos óleos essenciais de *Pelargonium graveolens* das quatro regiões e do ácido ascórbico

Óleo essencial de *Pelargonium graveolens* das quatro regiões e das seis fracções e ácido ascórbico	IC50 gg$^{(/mL)}$
Er-Rachidia	142.73
Meknes	121.05
Rabat	198.66
Tetuão	169.78
F1	144.89
F2	103.89
F3	131.35
F4	109.22
F5	116.49
F6	109.15
Ácido ascórbico	0.93

No que diz respeito à capacidade anti-radicalar de seis fracções do óleo essencial de *Pelargonium graveolens* da região de Meknes, os resultados obtidos são apresentados na Tabela 4.

Estes testes revelaram uma baixa atividade contra o ácido ascórbico. A fração F2 revelou uma forte atividade antioxidante com uma concentração de inibição de 103,889 Lig/ml. (Figura 7).

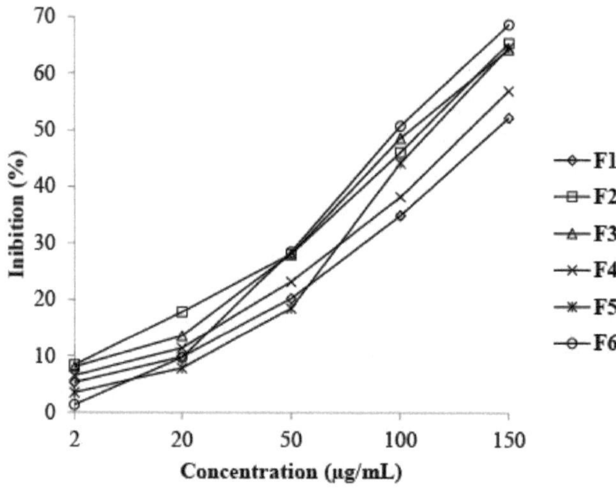

Figura 7: Atividade antioxidante pelo método DPPH das seis fracções do óleo essencial de *Pelargonium graveolens* da região de Er-Rachidia

3.5.2. Capacidade antioxidante total (TAC)

A capacidade antioxidante total dos óleos essenciais de *Pelargonium graveolens* das quatro regiões estudadas foi expressa em Lg/ml equivalente ao ácido ascórbico por ml de OE (Lg EAA/ml de OE). Para este efeito, foi efectuada uma curva de calibração em paralelo, nas mesmas condições, utilizando o ácido ascórbico como padrão (figuras 8 e 9).

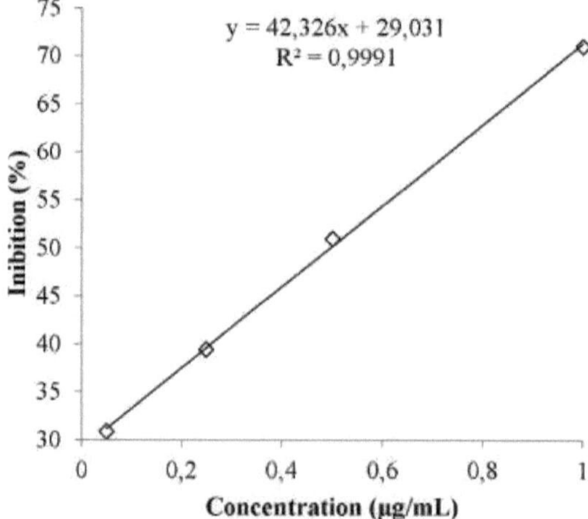

Figura 8: Capacidade antioxidante total do ácido ascórbico

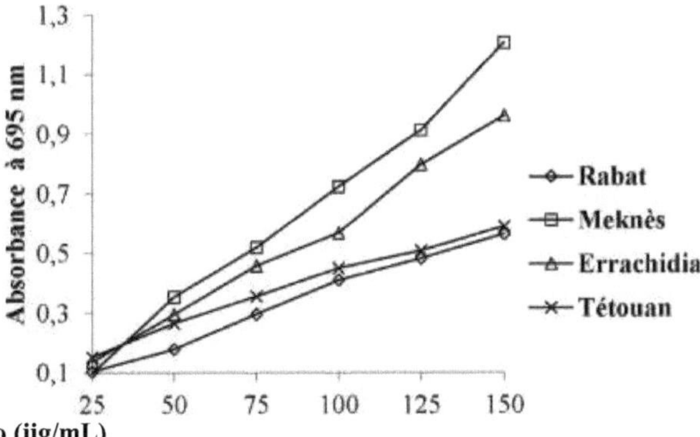

Concentração (iig/mL)

Figura 9: Capacidade antioxidante total dos quatro óleos essenciais de *Pelargonium graveolens*

Os resultados da figura 9 mostram que os óleos essenciais de *Pelargonium graveolens* das quatro regiões estudadas são capazes de reduzir o Mo (VI) a Mo (V) cujas concentrações variam entre 73,798 Lig/ml. para o óleo essencial de Meknes e 104,281 Lig/ml. para o óleo essencial da região de Rabat. Com base nestes resultados, foi estabelecida uma classificação da capacidade antioxidante total da seguinte forma Meknes (73,798 gg/mL) > Er-Rachidia (82,249 gg/mL) > Tetouan (84,272 gg/mL) > Rabat (104,281 gg/mL) (Tabela 5).
Estes resultados são superiores aos do extrato aquoso das flores (238,66 ± 25,14 gg/mL) e das folhas (528 ± 10,44 gg/mL) da espécie *Erica arborea* (L.) (Yaici *et al.*, 2021).

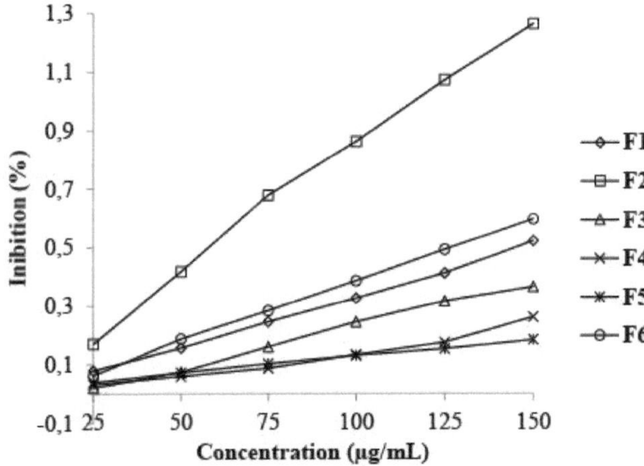

Figura 10: Capacidade antioxidante total das seis fracções do óleo essencial de *Pelargonium graveolens*

A capacidade antioxidante total das seis fracções (Figura 10) mostrou que a fração F2 apresentou uma atividade muito elevada em comparação com as outras fracções: F2 >F6>F4>F5>F3>F1. Isto deve-se à riqueza dos grupos hidroxilo e à sua concentração (Lesage-Meessen, 2001; McDonald *et al.*, 2001).

Quadro 5: Percentagem de inibição da capacidade antioxidante total dos quatro óleos essenciais de *Pelargonium graveolens* e das seis fracções

Óleo essencial de *Pelargonium graveolens* das quatro regiões e das seis fracções	IC50 (gg/mL)
Er-Rachidia	82.249
Meknes	73.798
Rabat	104.281
Tetuão	84.272
F1	146.594
F2	62.393
F3	140.732
F4	138.380
F5	139.798

F6137.843

0.495

Ácido ascórbico

CONCLUSÃO

Este trabalho tem como objetivo estudar, por um lado, a composição química dos óleos essenciais de *Pelargonium graveolens* provenientes das quatro regiões de Marrocos, bem como as fracções do óleo essencial de Er-Rachidia. Por outro lado, estudar as suas actividades antioxidantes através de dois métodos diferentes (DPPH e CAT).

Os resultados obtidos revelaram que os óleos essenciais das quatro regiões apresentavam uma diferença qualitativa e quantitativa em termos das suas composições químicas. O estudo da atividade antioxidante mostrou que os óleos essenciais de *Pelargonium graveolens* das quatro regiões e as seis fracções do óleo essencial de Er-Rachidia apresentavam uma atividade antioxidante notável, mas inferior à do ácido ascórbico. Estes resultados sugerem que o óleo essencial de *Pelargonium graveolens* pode ser utilizado como conservante alimentar.

REFERÊNCIAS

Atailia I & Abdelghani D (2015) Phytotherapie, 13, 156, doi: 10.1007/s10298-015-0950-2.

Bakkali F, Averbeck S, Averbeck D & Idaomar M (2007) Food Chem. Toxicol., 46, 446, doi: 10.1016/j.fct. 09.106.

Ben ElHadj AliI,TajiniF,BoulilaA, JebriM A,BoussaidM, MessaoudC,Sebai H(2020) Ind. Crops Prod., 158, 112951, doi: 10.1016/j.indcrop.2020.112951.

Boukhris M, Nasri-Ayachi M B, Mezghani I, Bouaziz M, Boukhris M & Sayadi S (2013) Industrial Crops and Products, 50, 604, doi: 10.1016/j.indcrop.2013.08.029.

BounatirouS,SmitiS,MiguelM G,FaleiroL, RejebM N,Neffati M, CostaM M, FigueiredoA C, BarrosoJ G, Pedro L G(2007) Food Chem., 105, 146, doi: 10.1016/j.foodchem.2007.03.059.

Burt S (2004) Int. J. Food Microbiol, 94, 223, doi: 10.1016/j.ijfoodmicro.2004.03.022.

Choi H S, Song H S, Ukeda H & M Sawamura (2000) J. Agric. Food Chem., 48, 4156, doi: 10.1021/jf000227d.

Chraibi M, Fikri Benbrahim K, Edryouch A, Fadil M & Farah A (2021) Plivtotlierapie, 19, 171, doi.org/10.3166/phyto-2019-0208.

El Arch M, Satrani B, Farah A, Bennani L, Boriky D, Fechtal M, Blaghen M & Talbi M (2003) Ata Botanica Gallica, 50, 267, doi/abs/10.1080/12538078.2003.10515996.

El Idrissi M, Elhourri M, Amechrouq A, Lamrhari A, Belmalha S & Echchgadda G (2016) J. Mater. Environ. Sci., 7, 4087.

Fliou J, Riffi O, M'hamdi Z, Elhourri M, Zriouel A, Amechrouq A (2022) Indian J Agric Biochem, 35, 58, doi 10.5958/0974-4479.2022.00009.0.

Hsouna A B & Hamdi N (2012) Lipids Health Dis., 11, 167, doi: 10.1186/1476-511X-11-167.

Lesage-Meessen L (2001) Food Chem, 75, 501, doi: 10.1016/S0308-8146(01)00227-8.

Likibi B N, Tsiba G, Madiele A B, Nsikabaka S, Moutsambote J M &Ouamba J M (2015) J. Appl. Biosci., 92, 8578, doi: 10.4314/jab.v92i1.2.

McDonald S, Prenzler P D, Antolovich M & K Robards (2001) Food Chem., 73, 73, doi: 10.1016/S0308-8146(00)00288-0.

Prieto P, Pineda M & Aguilar M (1999) Anal. Biochem., 269, 337, doi: 10.1006/abio.1999.4019.

SILOU T, BIKANGA R, NSIKABAKA S, NOMBAULT J , MAVOUNGOU C, FIGUEREDO G &CHALCHAT J C(2017), Biotechnol. Agron. Soc. Environ., 21, 105, doi: 10.25518/17804507.13727.

Yaici K, Dahamna S, Moualek I, Belhadj H & Houali K (2021) Phvtotherapie 19, 4, doi: 10.3166/phyto-2019-0210.

CAPITULO 3

INVESTIGAÇÃO SOBRE A PREVENÇÃO DE DEGRADAÇÃO AMBIENTAL DO AÇO MACIO NUMA SOLUÇÃO DE 1M HCL UTILIZANDO EXTRACTOS DERIVADOS DE PELARGONIUM GRAVEOLENS

RESUMO

O estudo da inibição da corrosão ecológica do aço em meio de ácido clorídrico 1M por extractos aquosos e etanólicos de *Pelargonium graveolens* foi realizado por gravimetria, eletroquímica, cromatografia líquida de alta eficiência (HPLC) e microscopia eletrónica de varrimento (SEM/EDX). Os resultados deste estudo mostraram que a eficácia inibitória (IE) aumenta com o aumento da concentração. Atinge um valor máximo de 97% para o extrato aquoso de *Pelargonium graveolens* e 92% para a extração etanólica para o concentrado de 1,0 g/L e diminui com o aumento da temperatura. O estudo da influência da temperatura permitiu compreender o mecanismo de ação destes inibidores sobre a corrosão do aço de modo a que as moléculas activas dos extractos estudados se fixem na superfície metálica formando ligações físicas segundo a isotérmica de adsorção de Langmuir. Estes extractos comportam-se como inibidores de tipo misto. Estes resultados são confirmados por um estudo de teoria do funcional da densidade (DFT) utilizando a fórmula B3LYP/6-31 G (d, p).

Palavras-chave: *Pelargonium graveolens*, gravimetria, MS, Corrosão, cálculos DFT

1. INTRODUÇÃO

A corrosão metálica é um importante problema industrial, responsável por um significativo desperdício de material e por uma redução do desempenho e durabilidade dos materiais metálicos que constituem as infraestruturas (CEA, 2015). Esta ocorrência pode ser evitada alterando o próprio metal ou as condições envolventes ou isolando o metal do ambiente corrosivo (Souto *et al.*, 2016). A escolha do aço macio baseia-se no conhecimento adquirido pelos investigadores ao longo das últimas décadas e em estudos que visam responder aos novos objectivos das indústrias transformadoras e do ambiente. O aço macio é um dos materiais mais utilizados na indústria, graças à sua elevada resistência e fiabilidade (Onukwuli *et al.*, 2021). Infelizmente, o aço macio é suscetível à corrosão durante a utilização a longo prazo devido à sua exposição a ambientes agressivos e complexos. Em particular, o processo de decapagem. A solução ácida também pode corroer o substrato de aço macio, uma vez que remove a camada de óxido (Zhang *et al.*, 2021). Na literatura existente, a utilização de inibidores para impedir a dissolução do metal continua a ser uma abordagem essencial (Majd *et al.*, 2020; Hameed *et al.*, 2022). Os inibidores de corrosão são amplamente utilizados para reduzir os ataques corrosivos em materiais metálicos (Saady *et al.*, 2021). Os efeitos perigosos conhecidos e a regulamentação ambiental rigorosa da maioria dos inibidores orgânicos sintéticos atraíram a atenção dos investigadores para a necessidade de desenvolver inibidores mais eficazes (Satapathy *et al.*, 2009). Estes compostos orgânicos de origem vegetal são inibidores de corrosão adequados devido à composição natural das suas moléculas (heteroátomos N, O, S) ou grupos polares como $-NH_2$, $-OH$, $-COOH$, $-CN-$ e $-SH$ e à ausência de metais pesados (Mejeha *et al.*, 2012). Os produtos naturais derivados de plantas são tipicamente rentáveis e estão disponíveis através de processos de extração simples que são facilmente acessíveis, renováveis, amigos do ambiente e amplamente utilizados para minimizar o custo do controlo da corrosão (Anadebe *et al.*, 2021). Os extractos de folhas, raízes, cascas, sementes e frutos são combinações de compostos orgânicos que geralmente possuem funcionalidades polares, incluindo átomos de azoto, enxofre ou oxigénio (Deng e Li,

2012; Nnanna *et al.*, 2010). Entre eles encontram-se os alcalóides que contêm um ou mais átomos de azoto. Por exemplo, a triptamina (Moretti *et al.*, 2004) e a cafeína (Fallavena *et al.*, 2006) são utilizadas como inibidores de corrosão. Por conseguinte, o desenvolvimento de novos inibidores de corrosão verdes derivados de extractos de plantas tornou-se uma das direcções orientadoras para os investigadores da corrosão (Zhang *et al.*, 2021).

Além disso, ao explorar aplicações tecnológicas para os resíduos alimentares, é possível diminuir a quantidade de resíduos descartados e aumentar a viabilidade económica de alternativas adequadas de gestão de resíduos (Torres *et al.*, 2011).

O objetivo deste estudo foi investigar o efeito inibidor dos extractos aquoso e etanólico de *Pelargonium graveolens* como inibidores da corrosão do aço macio em ácido clorídrico 1M, utilizando técnicas de HPLC e SEM/EDX. Este estudo foi completado por uma abordagem teórica complementar utilizando DFT.

2. MATERIAIS E MÉTODOS

2.1. Material vegetal

A parte aérea da planta utilizada (*Pelargonium graveolens*) foi colhida em maio de 2020, no ksar Tizgaghine, a 20 km de Tinjdad, na região de Er-Rachidia (31°55'55"norte, 4°25'28"oeste). A planta foi seca num local seco e ventilado durante um mês, depois moída com um moinho elétrico e armazenada à sombra em instalações fechadas. 30 g de pó de planta foram colocados num cartucho, depois colocados num sifão ligado a um frasco contendo 250 mL de solvente de extração, sendo os solventes de extração o etanol e a água. Foi colocado um frigorífico em cima. O solvente foi evaporado utilizando um evaporador rotativo após um período de extração de 6 horas.

2.2. Cromatografia líquida de alto desempenho (HPLC)

O sistema HPLC foi utilizado para separar os compostos bioactivos dos extractos etanólico e aquoso das folhas de *Pelargonium graveolens*. A separação cromatográfica foi efectuada numa coluna C18 (5 mm, 250 4.6mm i.d.) à temperatura ambiente. A eluição foi efectuada com um caudal de 0,5 mL/min seguindo o gradiente apresentado na tabela seguinte (Tabela 1). Os solventes utilizados foram o metanol (A) e a água ultrapura (B). O comprimento de onda do detetor de UV é de 254 nm.

Tabela 1: Gradiente da fase móvel da HPLC

Tempo (min)	10	15	25	30	40	45	55	60	65	75	80	90	95	100	115
A	7	10	10	20	20	25	25	27	27	50	50	60	60	100	100
B	93	90	90	80	80	75	75	73	73	50	50	40	40	0	0

2.3. Preparação dos materiais

O aço utilizado neste trabalho é o aço macio composto por Fe (99,30), C (0,21), Mn (0,05), Si (0,38), S (0,05), P (0,09) e Al (0,01). As amostras de aço macio foram polidas em papéis abrasivos humedecidos (Si-C. carboneto de silício) de granulometria progressivamente mais fina: graus 400, 600, 1000 e 1500, enxaguadas com água destilada para remover impurezas, desengorduradas com acetona para eliminar a matéria gorda, Subsequentemente, o material extraído foi lavado com água destilada e depois seco utilizando um secador elétrico. A solução de teste corrosivo utilizada no estudo foi preparada diluindo uma solução de reserva de ácido clorídrico de grau de reagente analítico (HCl 37%) com água destilada, resultando numa concentração de HCl 1M. A concentração dos inibidores investigados variou de 0,25 g/L a 1,0 g/L.

2.4. O estudo gravimétrico

As medições gravimétricas foram realizadas utilizando uma célula de vidro equipada com um condensador arrefecido por termóstato para manter o eletrólito à temperatura desejada. O volume do eletrólito foi fixado em 100 mL. As amostras utilizadas na experiência eram rectangulares e tinham dimensões específicas (comprimento = 1,95 cm, largura = 1,65 cm, espessura = 0,65 cm). Antes de cada medição, as amostras foram pesadas com precisão e submersas em béqueres contendo 100 mL de soluções ácidas, com e sem o inibidor (extrato), a várias temperaturas durante 6 horas. A eficácia inibitória foi calculada utilizando a seguinte expressão (1).

$$\eta\% = \left[\frac{C_R^0 - C_R}{C_R^0}\right] \times 100 \tag{1}$$

C_R^0: taxa de corrosão antes da imersão na solução inibida

C_R: taxa de corrosão após imersão na solução inibida

2.5. Estudo eletroquímico

As medições electroquímicas foram realizadas utilizando um potenciostato biológico, que foi controlado pelo software EC-lab. Para todos os testes realizados, foi utilizada uma célula de três eléctrodos. O elétrodo auxiliar é um elétrodo de platina. O elétrodo de referência utilizado é um elétrodo de Ag/AgCl, e o elétrodo de trabalho consiste numa placa de aço de 0,98 cm^2 que é colocada diretamente na célula, deixando uma superfície livre. Os ensaios de perda de massa foram efectuados num copo de 50 ml. As medições de impedância são efectuadas a 25° C na presença e na ausência do inibidor. Após a imersão, a estabilidade é atingida após 30 minutos em circuito aberto. As curvas intensidade-potencial são obtidas em modo potenciodinâmico com uma velocidade de varrimento de 1 mv/min. O potencial aplicado à amostra varia continuamente de -800 a -200mV/ECS. A eficiência da inibição ($\eta_{pp}\%$) foi calculada a partir dos valores da densidade da corrente de corrosão utilizando a seguinte equação (2).

$$\eta_{pp}\% = \frac{i^0_{corr} - i_{corr}}{i^0_{corr}} \times 100 \tag{2}$$

i^0_{corr}: representa a densidade da corrente de corrosão na ausência de qualquer inibidor ou solução em branco.

i^0_{corr} r: representa a densidade da corrente de corrosão na presença do inibidor.

O método de espetroscopia de impedância eletroquímica (EIS) foi utilizado numa gama de frequências de 10 kHz a 100 mHz, com 10 pontos de dados por década. As curvas de Nyquist foram geradas e subsequentemente analisadas utilizando um circuito equivalente adequado. O modelo de circuito equivalente foi selecionado para representar com precisão a resposta eléctrica do sistema em investigação (Riffi *et al.*, 2022). A eficiência de inibição (IE) pode ser calculada utilizando a seguinte fórmula Eq (3).

$$\eta_{imp}\% = \frac{R'_p - R_p}{R_p} \times 100 \tag{3}$$

R'p representa a resistência à polarização do elétrodo de aço macio na presença de um inibidor, enquanto Rp representa a resistência à polarização do elétrodo de aço macio na ausência de qualquer inibidor.

2.6. Microscópio eletrónico de varrimento (SEM)

A morfologia da superfície das amostras de aço-carbono foi examinada antes e depois da imersão nas soluções estudadas, com e sem o inibidor. Este exame foi realizado pelo microscópio eletrónico de varrimento (SEM) JSM-IT 500 HR ligado a um sistema de análise de raios X (EDX). O MEV funcionou com uma aceleração eletrónica de 8 kV, permitindo a obtenção de imagens de alta resolução das superfícies das amostras. Além disso, a análise EDX forneceu informações sobre a composição elementar das superfícies das amostras, auxiliando na caraterização de quaisquer alterações resultantes da imersão nas soluções com e sem o inibidor.

3. RESULTADOS E DISCUSSÃO

3.1. Identificação de compostos fenólicos por HPLC-UV

Os resultados da análise por HPLC obtidos para os extractos aquoso (PGaq) e etanólico (PGEt) de *Pelargonium graveolens* a um comprimento de onda de 254 nm são apresentados nas Figuras 1 e 2.

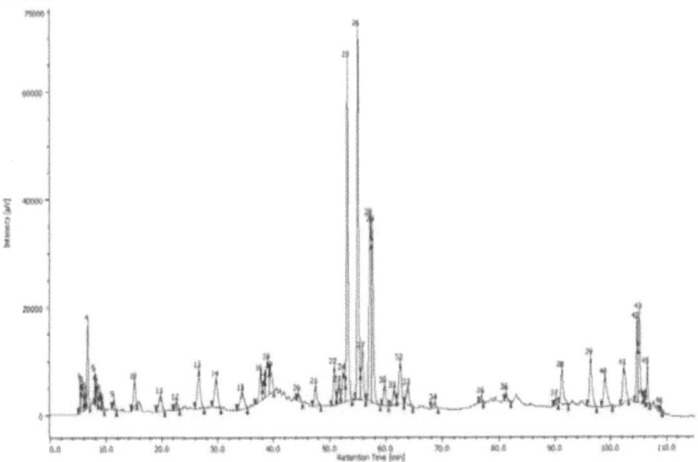

Figura 1: Cromatograma de HPLC do extrato aquoso de *Pelargonium graveolens*

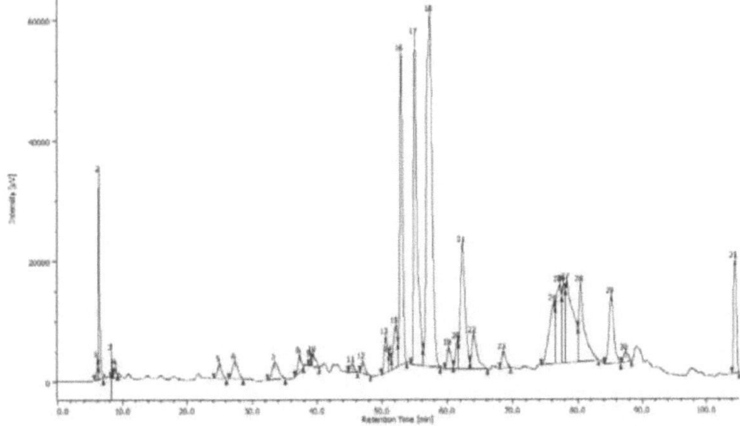

Figura 2: Cromatograma HPLC do extrato etanólico de *Pelargonium graveolens*

Quadro 2: Compostos fenólicos identificados por HPLC-UV em extractos aquosos e etanólicos de *Pelargonium graveolens*

Composto	RT (min)	Extrato etanólico de *Pelargonium graveolens* (ug/g)	Extrato aquoso de *Pelargonium graveolens* (ug/g)
Ácido cafeico	43.83	0.46	0.09
Ácido para-cumárico	54.70	12.07	3.51
Ácido gálico	14.783	10.35	17.29
Ácido vanílico	39.933	0.35	0.71
Rutina	52.258	37.07	4.31
Vanilina	49.275	8.86	0.91
Quercetina	81.192	NI	1.83
Cafeína	42.150	NI	NI
Ácido hidroxibenzóico	26.142	2.17	2.75
Ácido salicílico	58.983	5.79	1.19
Ácido acetilsalicílico	54.75	NI	NI

NI: Não identificado

A análise dos extractos aquoso e etanólico de *Pelargonium graveolens* por HPLC-UV revelou a presença de compostos fenólicos. As condições de separação utilizadas resultaram num cromatograma mais ou menos separado (Figura 1 e 2). O extrato aquoso contém nove compostos: ácido cafeico, ácido gálico, ácido para-cumárico, rutina quercetina, ácido salicílico, ácido vanílico vanilina e ácido hidroxibenzóico. O extrato etanoico contém oito compostos fenólicos: ácido gálico, vanilina, ácido para-cumárico, ácido cafeico, rutina, ácido salicílico, ácido vanílico e ácido hidroxibenzóico. A quantificação dos polifenóis identificados mostrou que o extrato etanólico era mais rico em compostos fenólicos do que o extrato aquoso. O composto maioritário no extrato aquoso foi o ácido gálico com uma concentração de (17,29p.g/g extrato bruto) seguido pelo ácido hidroxibenzóico (2,75pg/g), rutina (4,31 ug/g), ácido para-cumárico (3,51 ug/g) e quercetina (1,83 ug/g). Quanto ao extrato etanólico. Os resultados mostraram que é rico em rutina (37,07 ug/g), seguido de ácido para-cumárico (12,07 ug/g), ácido gálico (10,35 ug/g), vanilina (8,86 ug/g), ácido salicílico (5,791 ug/g) e ácido hidroxibenzóico (2,17 ug/g) (Quadro 2).

Um estudo posterior de Omar *et al.*, (2020) também mencionou a presença de ácido gálico com uma concentração de (0,61mg/g), ácido cafeico (2,09mg/g), rutina (81,17mg/g) e quercitrina (2,29 mg/g) no extrato etanólico das folhas de *Pelargonium graveolens*.

3.2. Efeito de concentração

Estudar o efeito inibitório dos extractos de *Pelargonium graveolens* sobre o aço macio. Foi efectuado um estudo gravimétrico com concentrações deferentes (0,25 g/L a 1,0 g/L). Os resultados obtidos estão resumidos na Tabela 3 e na Figura 3.

Tabela 3: Taxas de corrosão (cᴿ) e percentagem de eficácia inibitória (IE%) dos extractos aquoso e etanólico de *Pelargonium graveolens*

Inibidor	Concentração (g/L)	c_R(mg.cm^2.h)^1	IE (%)
HCl 1 M	1 M	3.457	-
	1	0.106	97

	Concentração (g/l)	C_R (mg.cm^{-2}.h^{-1})	IE (%)
PGaq	0.75	0.166	96
	0.5	0.175	95
	0.25	0.187	94
PGEt	1	0.267	92
	0.75	0.289	91
	0.5	0.367	89
	0.25	1.002	71

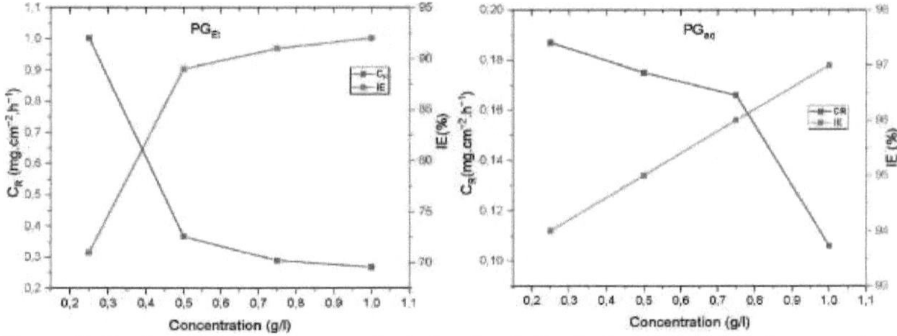

Figura 3: Evolução da taxa de corrosão (cr) e da eficiência de inibição (IE) da corrosão do aço macio em HCl 1M em função da concentração dos extractos aquoso e etanólico de *Pelargonium graveolens*

Os resultados obtidos indicam que a taxa de corrosão diminui à medida que a concentração dos inibidores estudados aumenta. Isto implica que os extractos aquosos e etanólicos de *Pelargonium graveolens* retardam eficazmente a corrosão do aço. Enquanto a eficiência inibitória aumenta com o aumento da concentração e atinge um valor máximo de 97% para o extrato aquoso e 92% para a extração etanólica a uma concentração óptima de 1,0 g/L, estes resultados obtidos são altamente significativos em comparação com outro estudo, por exemplo, o extrato de folhas de P. tremula revelou uma eficiência máxima de inibição de 82,06% a uma concentração de inibidor de 4,0 g/L (Nishant *et al*, 2021), e o extrato de sementes de *Phyllanthus emblica* revelou uma eficiência máxima de inibição da corrosão de 92,43% utilizando 4,0 g/L numa solução de HCl a 15% (Bhardwaj *et al.*, 2021).

Os resultados observados podem ser explicados pelo processo de adsorção, em que os produtos químicos inibidores empregues são adsorvidos na superfície do aço macio. Este processo de adsorção forma uma camada protetora, que actua como uma barreira contra a corrosão, reduzindo assim a taxa de corrosão. As moléculas do inibidor impedem ou dificultam eficazmente a interação entre a superfície do metal e o ambiente corrosivo, levando ao retardamento da corrosão do aço (Yadav *et al.*, 2013).

3.3. Medições electroquímicas

A evolução do potencial de aço em HCl 1,0 M na ausência e na presença de diferentes concentrações de extractos aquosos e etanólicos de *Pelargonium graveolens* é apresentada na figura 4.

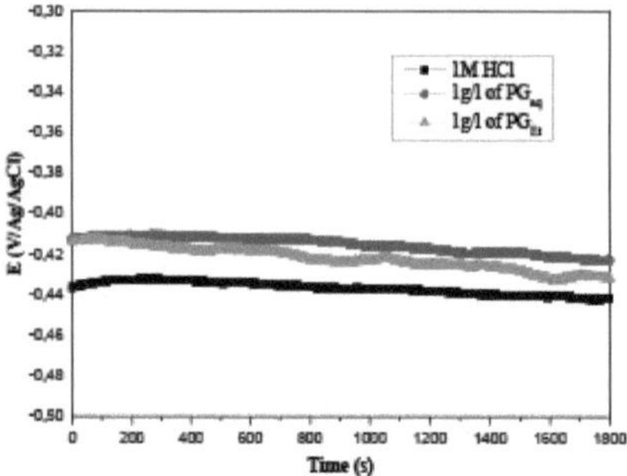

Figura 4: Monitorização do potencial de circuito aberto do aço em HCl 1M na ausência e na presença

de uma concentração de 1,0 g/L de extractos de PGaq e PGEt a 298 K°

Para os ensaios realizados com o elétrodo de aço na presença do extrato etanólico. O potencial varia ligeiramente em relação ao extrato aquoso e estabiliza-se a partir dos primeiros minutos de imersão. É de notar que nas soluções inibidas. O potencial do elétrodo desloca-se para valores anódicos. Em geral, os valores de potencial dos sistemas inibidos são menos negativos do que os dos sistemas não inibidos. Este resultado pode ser atribuído à formação de uma película protetora na superfície do aço e sugere a inibição da dissolução anódica do aço pelo extrato (Zerga *et al.*, 2012).

3.4. Estudo de polarização potenciodinâmica

Os resultados dos testes de polarização potenciodinâmica sem e com a adição de extractos de PGaq e PGEt são apresentados na Figura 5.

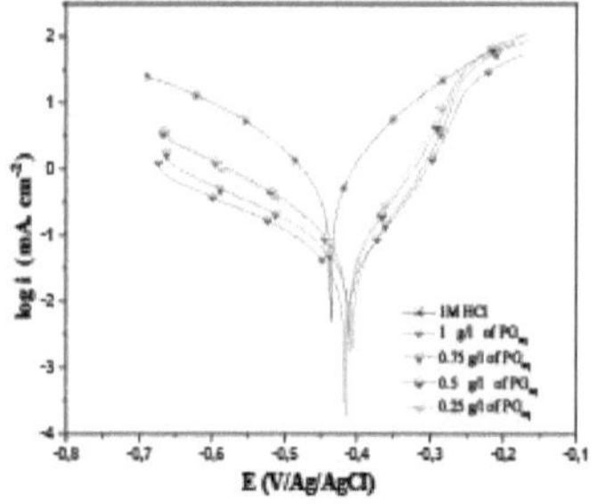
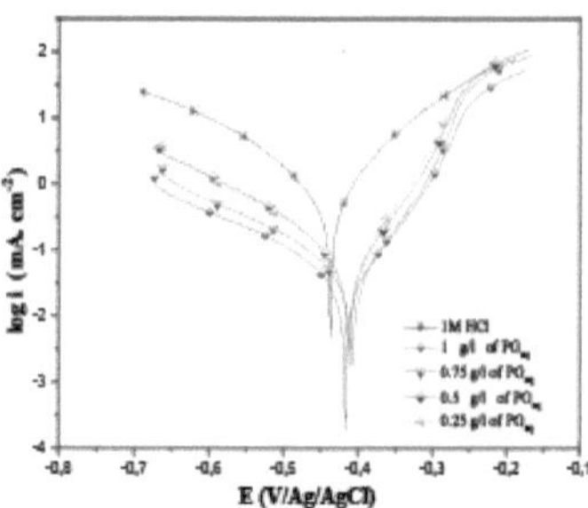

Figura 5: Curvas de polarização potenciodinâmica para a superfície do aço macio obtidas a 298° K sem e com a adição dos inibidores PGaq e PGEt em diferentes concentrações

A análise das representações gráficas da variação do log icorr em função do potencial para o aço em HCl 1,0 M na ausência e presença dos extractos de PGaq e EGP mostrou um aumento da corrente catódica e anódica com o aumento da temperatura. Os valores da densidade de corrente de corrosão do aço em HCl 1,0 M na ausência e presença de extractos de PGaq e PGEt a diferentes temperaturas e as eficiências inibitórias correspondentes são apresentados na Tabela 4.

Tabela 4: Densidades de corrente de corrosão do aço em HCl 1M na ausência e presença de extractos aquosos e etanólicos de *Pelargonium graveolens* e taxas de inibição obtidas a diferentes temperaturas

	Conc (g/L)	-Ecorr mV/Ag/AgCl	icoiT^A. Cm^{-2}	-ecmV. dec^{-1}	Π PDP%
HCl 1M	--	438	810	140	-
PGaq	1	416	19	132	97.6
	0.75	407	29	138	96.4
	0.5	411	46	121	94.3
	0.25	412	60	137	92.6
PGET	1	416	39	133	95.2
	0.75	415	51	136	93.7
	0.5	445	169	136	79.1
	0.25	446	219	138	72.9

A análise destes resultados mostrou que a eficácia inibitória tanto da PGaq como da PGEt

aumentou com o aumento da concentração e atingiu 97,6% para o PGaq e 95,2% para o PGEt a 1,0 g/L. Além disso, não se observou qualquer alteração no mecanismo catódico devido à baixa variação dos valores do declive catódico (C).

Vários investigadores sugeriram uma classificação para os inibidores com base no seu efeito no potencial de corrosão (Ecorr) do sistema quando a mudança nos valores Ecorr na presença de inibidores excede 85 mV em comparação com o valor Ecorr da solução em branco (sem inibidor), estes inibidores são categorizados como inibidores anódicos ou catódicos (Marsoul *et al.*, 2020; El-Hajjaji *et al.*, 2019). Ao serem adsorvidos na superfície do aço, estes inibidores criam uma camada protetora que impede o processo de corrosão. Esta camada actua como uma barreira, inibindo tanto a reação de corrosão anódica (dissolução do metal) como a reação catódica (redução do oxigénio ou de outras espécies). Como resultado, os inibidores exibem um mecanismo de inibição de tipo misto, fornecendo proteção contra a corrosão ao impedir os processos anódico e catódico ao mesmo tempo.

3.5. Espectroscopia de impedância eletroquímica

A espetroscopia de impedância eletroquímica (EIS) é uma técnica poderosa que pode fornecer informações adicionais sobre etapas e processos elementares que não são facilmente detectados utilizando a técnica de polarização potenciodinâmica. Os diagramas da espetroscopia de impedância eletroquímica do aço macio na solução inibida e não inibida são mostrados na Figura 6, e os parâmetros de impedância eletroquímica foram extraídos após uma boa simulação como gráficos SIE agrupados na Tabela 5.

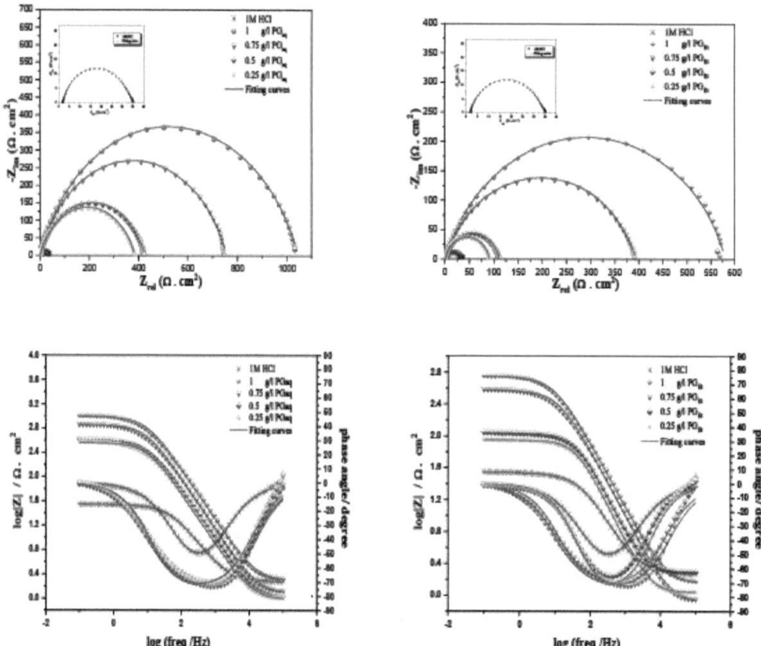

Figura 6: Diagramas de impedância do aço na ausência e na presença de diferentes concentrações de extractos de PGaq e PGEt da parte aérea de *Pelargonium graveolens*

Os gráficos de impedância do aço obtidos na ausência e na presença de diferentes concentrações de extractos de PGaq e PGEt das folhas de *Pelargonium graveolens,* que exibem gráficos Nyquist semicirculares não ideais, devem-se a heterogeneidades na superfície do aço. Estas heterogeneidades podem resultar de impurezas na superfície do aço, bem como da adsorção de inibidores (El-Hajjaji *et al.*, 2020). Além disso, a forma dos loops capacitivos aumenta ligeiramente com o aumento da concentração. Os diagramas de Nyquist têm apenas um semicírculo, o que indica que a transferência de carga controlou o mecanismo das reacções de corrosão (Saady *et al.*, 2018).

Os gráficos EIS do aço obtidos na ausência e na presença de diferentes concentrações de extractos de PGaq e PGEt das folhas de *Pelargonium graveolens* mostraram gráficos Nyquist semicirculares não ideais, em que o raio dos gráficos semicirculares aumentou sistematicamente em cada caso com a adição dos extractos estudados, o que implica que estes extractos podem estabelecer uma película protetora de óxido na superfície do elétrodo devido à adsorção espontânea das moléculas existentes nos extractos estudados (Anadebe *et al.*, 2022).

O raio de cada forma semicircular apresentou uma tendência ascendente em relação ao branco, o que pode ser atribuído à cobertura total da superfície ocupada por estes extractos no aço, o que pode ser atribuído a uma ligação com moléculas múltiplas e activas da superfície ocupada pelos extractos testados no aço (Anadebe *et al.*, 2022).

Tabela 5: Os parâmetros de impedância do aço foram avaliados na ausência e na presença de várias concentrações de extractos de PGaq e PGEt das partes aéreas de *Pelargonium graveolens*

	Conc (g/l)	R_s (Ω cm²)	R_{et} (Ω cm²)	C_{dl} (μF.Cm⁻²)	n_{dl}	Q (μF.Sⁿ⁻¹)	θ	η_{imp} %
1M HCl	--	1.76	33.2	89.10	0.784	312.7	-	-
PG$_{aq}$	1	1.93	991.9	16.46	0.844	31.2	0.966	96.6
	0.75	1.21	721.9	23.59	0.847	43.9	0.954	95.4
	0.5	1.01	407.2	34.77	0.863	69.7	0.918	91.8
	0.25	0.96	366.4	40.97	0.847	77.7	0.909	90.9
PG$_{Et}$	1	1.40	562.9	28.19	0.828	57.5	0.941	94.1
	0.75	0.81	374.8	31.80	0.809	63.3	0.911	91.1
	0.5	1.96	107.8	37.84	0.887	70.4	0.692	69.2
	0.25	1.09	88.61	45.91	0.908	75.9	0.625	62.5

A análise dos parâmetros de impedância do aço na ausência e presença de diferentes concentrações de extractos de PGaq e PGEt de *Pelargonium graveolens* revelou várias conclusões essenciais. A resistência à polarização (RP) aumentou com a concentração do inibidor, indicando que os agentes inibidores reduziram a taxa de corrosão do aço. A constante de fase do elemento (Q) e a capacitância de dupla camada (Cdl) apresentaram ligeiras diminuições, sugerindo que estava a ocorrer a adsorção dos inibidores na superfície do aço.

Esta observação foi ainda apoiada pelas eficiências de inibição calculadas, que atingiram 96,6% na presença de PGaq e 94,1% na presença de PGEt na concentração óptima de 1,0 g/L. Deduz-se que as moléculas inibidoras usadas adsorvidas substituíram o H2O e outras espécies corrosivas inicialmente adsorvidas na superfície do elétrodo (Anadebe *et al.*, 2022).

A correlação entre as eficiências de inibição obtidas a partir da técnica de espetroscopia de impedância eletroquímica (EIS) e da técnica de polarização potenciodinâmica indica que ambos os métodos produzem resultados consistentes. Além disso, os resultados obtidos a partir dos métodos electroquímicos correspondem de perto aos obtidos a partir de medições de perda de peso, com apenas ligeiras diferenças atribuídas ao tempo de exposição. Os testes de perda de peso requerem um tempo de imersão mais longo para atingir a saturação completa das moléculas inibidoras na superfície do aço (6 horas), e os testes electroquímicos fornecem uma avaliação mais rápida do desempenho da inibição.

Em conclusão, estes resultados confirmam que os extractos de PGaq e PGEt das folhas de *Pelargonium graveolens* actuam como inibidores eficazes contra a corrosão do aço macio na solução de HCl 1M.

3.6. Isotérmica de adsorção

Para encontrar a isoterma de adsorção adequada para os inibidores PGaq e PGEt. Foram testadas várias isotérmicas, tais como as de Langmuir. Temkin e Freundlich. Os resultados obtidos a partir da espetroscopia de impedância eletroquímica são apresentados na Figura 7, e as equações lineares para estas isotérmicas estão resumidas na tabela seguinte (Tabela 6).

Tabela 6: Equações lineares para isotérmicas de adsorção

Isotérmica	Frequências de linha	Descrições
Langmuir	$\dfrac{C_{inh}}{\theta} = \dfrac{1}{K} + C_{inh}$	K: coeficiente de adsorção Cinh: concentração do inibidor. θ: taxa de recuperação de inibidores.
Freundlich	$\ln\theta = \ln K + Z\,\ln C_{inh}$	$0 < Z < 1$: a adsorção do inibidor na superfície do metal é fácil. $Z = 1$: adsorção moderada do inibidor na

		superfície do metal. $Z > 1$: comportamento de adsorção difícil do inibidor
Temkin	$\theta = \dfrac{-1}{2a}\ln(K) - \dfrac{1}{2a}\ln(C_{inh})$	a: existe um coeficiente de interação pulsional ou de atração entre os compostos adsorvidos?

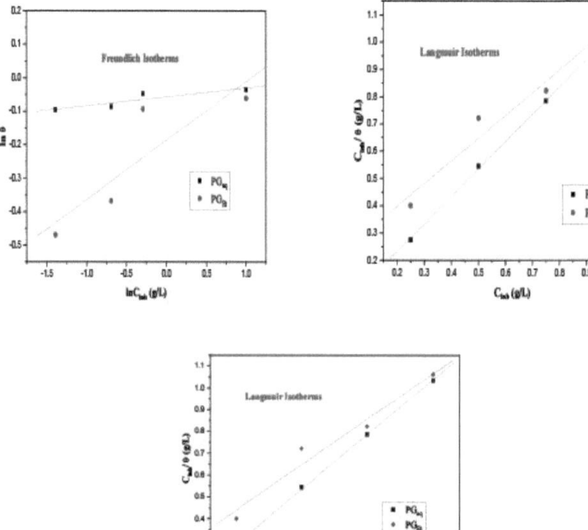

Figura 7: Modelos de isotérmicas de adsorção testados para os dois inibidores PGaq e PGEt a 298 K

Dos modelos de isotermas estudados. O PGaq e o PGEt seguem a isotérmica de Langmuir, uma vez que apresentam o melhor coeficiente de regressão e um declive próximo da unidade. (1,008 para o PGaq e 0,835 para o PGEt)

Tabela 7: Parâmetros de adsorção obtidos a partir de modelos de isoterma de adsorção

Isotérmicas	Inibidor	R^2	Parâmetros	Kabs (g/L)	ΔG°_{ads} (KJ.mol^{-1})
Langmuir	PGaq	0.999	1.008	$3.33\ 10^{1}$	-18.636
			Declive		
	PGEt	0.982	0.835	$4.35\ 10^{0}$	-13.593
Temkin	PGaq	0.913	-19.95	$2.41 10^{16}$	-103.407
			A		
	PGEt	0.878	-3.63	$4.46\ 10^{2}$	-25.065
Freundlich	PGaq	0.912	Z0 .0267	$9.45\ 10^{-1}$	-9.811
PGEt	0,8760	,17658 ,29 10^{-1}	-9,486		

Os valores de energia livre calculados (ΔG°_{ads}) para os extractos aquoso e etanólico de *Pelargonium graveolens* foram -18,636 kJ/mol e -13,593 kJ/mol, respetivamente. Os valores negativos de ΔG°_{ads} indicam a espontaneidade do processo de adsorção e a estabilidade da camada adsorvida na superfície do metal. Com base nos valores calculados, a adsorção dos extractos de *Pelargonium graveolens* na superfície do aço é atribuída principalmente à formação de uma ligação física. Os valores de ΔG°_{ads} que se situam entre -20 kJ/mol e -40 kJ/mol sugerem que o processo de adsorção envolve uma combinação de interacções electrostáticas e interacções químicas fracas. A estabilidade da camada adsorvida indica que os extractos podem formar eficazmente uma película protetora na superfície do aço, reduzindo a taxa de corrosão (Tang *et al.*, 2013; Haque *et al.*, 2017). Estes valores de ΔG°_{ads} fornecem informações quantitativas sobre o processo de adsorção e apoiam a conclusão de que a adsorção dos extractos de *Pelargonium graveolens* na superfície do aço se deve predominantemente a interacções físicas (Tabela 7).

3.7. Efeito da temperatura

O efeito da temperatura na eficácia de inibição dos extractos de *Pelargonium graveolens* a uma concentração de 1,0 g/L foi investigado numa gama de temperaturas de 298 K a 333 K. As medições de perda de massa foram determinadas após um período de imersão de 2 horas.

Os resultados obtidos para a eficiência de inibição e a taxa de corrosão são apresentados na tabela seguinte (Tabela 8).

Tabela 8: Parâmetros de corrosão obtidos a partir da perda de massa do aço macio em 1,0 g/L de extractos aquosos (PGaq) e etanólicos (PGEt) de *Pelargonium graveolens* a diferentes temperaturas

Inhibitor	T (K)	C_R (mg.cm^{-2}.h^{-1})	IE (%)
1M HCl	298	3.457	-
	303	1.276	-
	313	1.699	-
	323	2.617	-
	333	3.994	-
PG$_{aq}$	298	0.106	97
	303	0.108	92
	313	0.154	91
	323	0.267	90
	333	0.466	88
PG$_{Et}$	298	0.267	92
	303	0.137	89
	313	0.200	88
	323	0.320	87
	333	0.877	78

Os resultados obtidos indicam que a taxa de corrosão é acelerada com o aumento da temperatura na presença do inibidor em comparação com o branco. E a eficácia inibidora diminui de 97% (298° K) para 90% (333° K) para o extrato aquoso e de 92% para 78% para a extração etanólica de *Pelargonium graveolens*.

Esta observação é consistente com a ideia de que temperaturas mais elevadas podem aumentar a cinética das reacções de corrosão, o que pode enfraquecer o efeito protetor dos inibidores. A temperaturas mais elevadas, as moléculas dos extractos de inibidores podem tornar-se menos adsorvidas na superfície do metal, reduzindo a sua capacidade de formar uma barreira protetora contra agentes corrosivos.

Além disso, temperaturas mais elevadas podem alterar a solubilidade e a estabilidade dos compostos inibidores, afectando a sua disponibilidade para adsorção no metal (Desimone *et al.*, 2011).

A Figura 8 mostra diagramas de Arrhenius para a taxa de corrosão do aço macio em função do inverso da temperatura absoluta. Estas variações são linhas rectas para diferentes concentrações sem e com inibidores. A partir das equações de Arrhenius (eq. 4. eq. 5). Podemos calcular os parâmetros de ativação para diferentes concentrações de cada extrato (Tabela 9).

$$i_{con}=Ae^{(-\frac{Ea}{RT})} \tag{4}$$

$$i_{con}=\frac{RT}{Nh}e^{(\frac{\Delta S^*}{R})}e^{(-\frac{\Delta H^*}{RT})} \tag{5}$$

A: a constante de Arrhenius
Ea: energia de ativação aparente
R: a constante dos gases
T: temperatura absoluta
h: Constante de Plank.
N: Número de Avogadro.

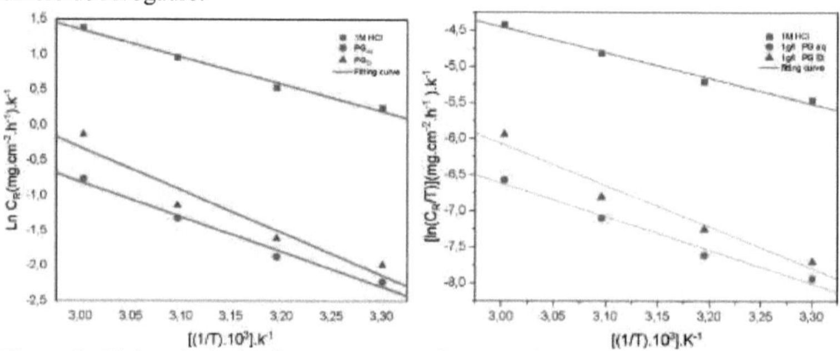

Figura 8: Linhas de Arrhenius para aço macio em HCl 1M na ausência e presença de extractos de PGaq e PGEt

Tabela 9: Parâmetros de ativação do aço macio em HCl 1M com e sem 1g/l de extractos de PGEt e PGaq

Parâmetros de ativação	HCl 1M	PGEt	PGaq
Ea (KJ/mol)	32,27	41.31	50.34
AH*(KJ/mol)	29.63	38.67	47.70
A5*(J/mol. K)	-157.74	-148.63	-117.46

Os resultados apresentados na Tabela 9 indicam que os valores de Ea obtidos nas soluções inibidas são mais elevados em comparação com os obtidos na solução não inibida. Isto sugere que os inibidores utilizados formam ligações electrostáticas com a superfície do aço macio, indicando adsorção física (Arrousse *et al.*, 2022). Estas ligações electrostáticas contribuem para a inibição da corrosão, formando uma camada protetora na superfície do aço.

Além disso, os valores da entalpia de ativação (AH*) para os extractos de *Pelargonium graveolens* são mais elevados do que os observados na ausência de um inibidor. Estes valores AH* positivos indicam que a reação de dissolução na presença dos extractos é endotérmica, o que significa que requer uma entrada de energia para ocorrer. Isto sugere que a presença dos agentes inibidores altera a termodinâmica do processo de corrosão e torna o processo mais desfavorável.

Além disso, os valores altamente negativos de AS* na presença dos extractos aquosos e etanólicos indicam que o complexo ativado formado na superfície do aço macio se torna mais ordenado em comparação com a presença de uma solução de HCl 1M isolada (El Hajjaji *et al.*, 2018). Isto indica que a presença dos extractos promove uma disposição mais organizada das moléculas na superfície do aço durante o processo de corrosão.

Estes resultados sugerem que os extractos de *Pelargonium graveolens* inibem eficazmente a corrosão do aço macio através da formação de ligações electrostáticas com a superfície do aço, aumentando a energia de ativação e alterando a termodinâmica e a disposição molecular durante o processo de corrosão. Isto fornece provas do mecanismo inibitório dos extractos e do seu potencial como inibidores da corrosão do aço macio em ambientes ácidos.

3.8. Microscópio eletrónico de varrimento (SEM)

A Figura 9 mostra imagens SEM da superfície do aço registadas antes e depois da exposição a um meio de HCl 1M sem e com a adição de 1,0 g/L de extrato aquoso e extrato etanólico de *Pelargonium graveolens*.

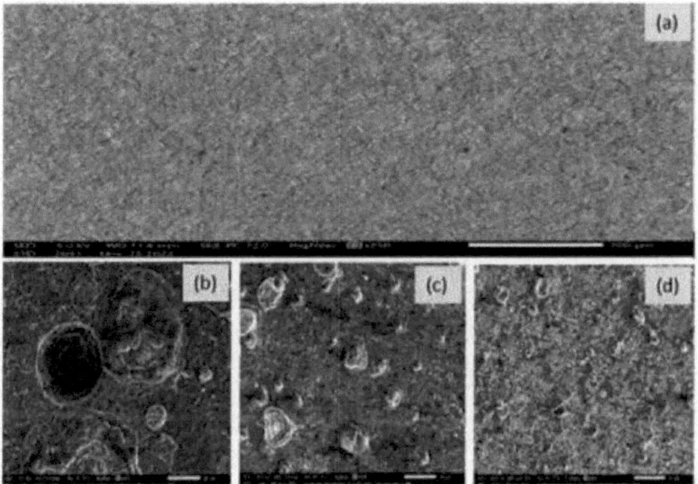

Figura 9: Micrografias SEM da superfície do aço macio antes de 6 h de imersão em HCl 1M (a); após 6 h de imersão em HCl 1M (b); após 6 h de imersão em HCl 1M+1g/L de extrato etanólico (c); após 6 h de imersão em HCl 1M+1,0 g/L de extrato aquoso de *Pelargonium graveolens* a 25° C (d)

Os resultados do SEM confirmam o efeito protetor dos inibidores do extrato etanólico e aquoso de *Pelargonium graveolens* na superfície do aço macio. Os inibidores actuam como uma barreira, impedindo ou abrandando o ataque corrosivo da solução de HCl na superfície do metal. Esta evidência visual alinha-se com os dados quantitativos de inibição de corrosão obtidos a partir de outras técnicas e apoia ainda mais o potencial dos inibidores do extrato de *Pelargonium graveolens* como inibidores de corrosão eficazes para o aço macio em ambientes ácidos (Figura 9).

Quadro 10: Percentagem mássica dos elementos obtidos a partir dos espectros EDX

Inibidor	(%) Fe	(%) C	(%) O	(%) Si
Aço macio	98.18±3.33	1.35±0.02	-	0.47±0.06
HCl 1M	85.28 ± 3.86	1.16±0.08	7.88 ± 0.24	1.02 ± 0.18
PGEt	92.22 ± 3.17	3.29±0.09	3.65 ± 0.13	1.57±0.16
PGaq	93.16 ± 3.05	3.70 ± 0.08	2.98 ± 0.11	1.15 ± 0.15

Os resultados obtidos a partir da análise da composição atómica das amostras de aço macio fornecem informações valiosas sobre o processo de corrosão, e o efeito protetor dos extractos de *Pelargonium graveolens* é apresentado no (Quadro 10) acima.

Na ausência de qualquer inibidor, a percentagem atómica de ferro diminuiu significativamente de 98,18% para 85,28% após imersão em HCl 1M. Esta redução do teor de ferro indica a dissolução dos átomos de ferro da superfície do aço devido ao ataque corrosivo do ácido. Além disso, o aparecimento de um novo pico de oxigénio (O) confirma a presença de óxidos de ferro, que são produtos característicos da corrosão.

No entanto, na presença de extractos de *Pelargonium graveolens*, a diminuição da percentagem atómica de ferro é menos pronunciada. O extrato etanólico diminuiu 92,22%, enquanto o extrato aquoso diminuiu 93,16%. Estes resultados sugerem que as amostras podem proteger a superfície do aço e inibir a dissolução dos átomos de ferro na mesma medida.

Além disso, na presença dos extractos, observa-se também um aumento da percentagem atómica de carbono e silício. Este aumento pode ser atribuído à adsorção dos componentes presentes nas amostras na superfície do aço. Estes componentes adsorvidos formam uma camada protetora que dificulta o ataque corrosivo, reduzindo assim a dissolução dos átomos de ferro.

Globalmente, a análise da composição atómica apoia a hipótese de que o extrato de *Pelargonium graveolens* forma uma camada protetora sobre a superfície do aço macio, reduzindo a velocidade de corrosão e alterando os produtos de corrosão. A presença de átomos de carbono e de silício, juntamente com a dissolução reduzida do ferro, indica a formação de uma barreira protetora que contribui para a inibição da corrosão (Figura 10) (Arrousse *et al.*, 2021).

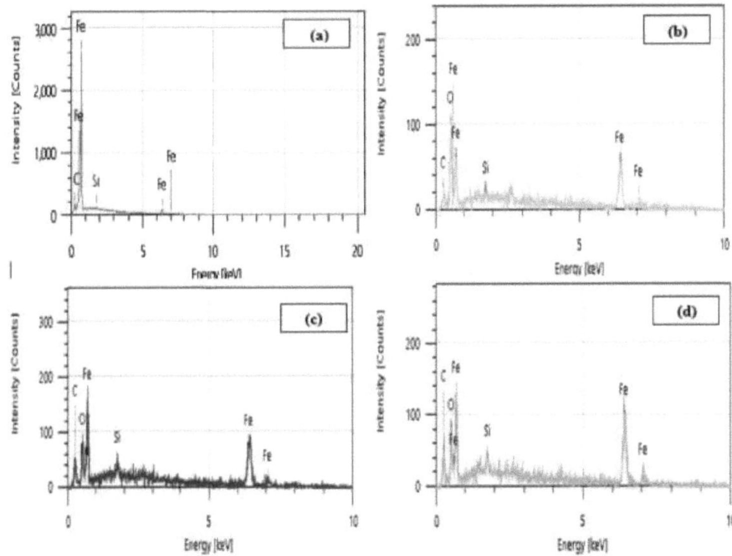

Figura 10: Espectros EDX do aço macio antes de 6 h de imersão em HCl 1M (a); após 6 h de imersão em HCl 1M (b); após 6 h de imersão em HCl 1M+1g/L de extrato etanólico (c); após 6 h de imersão em HCl 1M+1g/L de extrato aquoso de *Pelargonium graveolens* a 25° C(d)

3.9. Estudos sobre o cálculo DFT

Neste estudo, as estruturas de nove moléculas do extrato foram optimizadas, confirmando a sua presença como verdadeiros mínimos na superfície de energia potencial pela ausência de frequências negativas nos cálculos de frequência. O método DFT/B3LYP e os pacotes de software Gaussian 09 e Gauss View 6 (Matin *et al.*, 2017) foram utilizados para calcular várias propriedades destes compostos, incluindo a geometria molecular. Energias HOMO e LUMO e potenciais electrostáticos moleculares. Todos os cálculos utilizaram um conjunto de bases 6-31G (d. p).

3.9.1. Exame das orbitais moleculares de fronteira

As energias HOMO e LUMO de todos os compostos foram determinadas utilizando o nível de teoria B3LYP/6-31G (d.p). (A Figura 11 ilustra as orbitais HOMO e LUMO dos compostos em estudo. Estas orbitais desempenham um papel crítico nas reacções químicas, com o HOMO a denotar a capacidade de doar electrões e o LUMO a representar a capacidade de aceitar electrões. Um intervalo de energia estreito entre o HOMO e o LUMO facilita a transferência eficiente de carga eletrónica dos grupos dadores para os grupos aceitadores, resultando numa elevada polarizabilidade molecular. Inversamente, um grande intervalo de energia entre o HOMO e o LUMO indica uma menor reatividade. Os parâmetros calculados estão resumidos na Tabela 11.

De acordo com o teorema de Koopmans (Zhan *et al.*, 2003). As moléculas de casca fechada permitem o cálculo do Potencial de Ionização (I) e da Afinidade Eletrónica (A) utilizando as energias da orbital molecular mais elevada ocupada (E_{HOMO}) e da orbital molecular mais baixa desocupada (E_{LUMO}), respetivamente.

Tabela 11: Descritores químicos quânticos das estruturas de todas as moléculas utilizando a teoria DFT ao nível B3LYP/6- 31G (d. p)

InibidorET (a.u)	E_{HOMO} E_{LUMO} (eV) (eV)	AE(eV)	g (D)X $^{(eV)}$	n(eV) o(eV)$^-_1$	AN
Ácido paracumárico -573.4497	-6.186 -1.807	4.379	6.0324 3.997	2.190 0.457	0.686
Galicácido -646.4864	-6.212 -1.096	5.115	6.7614 3.654	2.558 0.391	0.654
Ácido vanílico -610.5744	-6.169 -1.077	5.092	3.8165 3.623	2.546 0.393	0.663
Rutina-2175.2635	-5.915 -1.511	4.404	4.6998 3.713	2.202 0.454	0.746
Ácido cafeico -648.6818	-5.878 -1.648	4.231	5.8635 3.763	2.115 0.473	0.765
Ácido salicílico -496.0511	-6.801 -1.286	5.514	6.4816 4.044	2.758 0.363	0.536
Parahydroxybenzo $_{-4960462}$					
-.	-6.600 -1.131	5.469	4.7226 3.866	2.735 0.366	0.573
icácido					
Quercetina -1104.1717	-5.436 -1.259	4.177	3.5743 3.348	2.089 0.479	0.874
Vanilina -535.3226	-6.300 -1.468	4.831	4.0885 3.884	2.416 0.414	0.645

I=-E_{HOMO}

A=- E_{LUMO}

Utilizando as seguintes equações (Kaya e Savas, 2018; Pearson, 1963). Os valores do Potencial de Ionização (I) e da Afinidade Eletrónica (A) podem ser utilizados para calcular a eletronegatividade absoluta (x), a dureza absoluta (q) e a suavidade (G. o recíproco da dureza).

$\chi= (I+A)/2$

$\eta= (I-A)/2$

A expressão para a fração de electrões transferidos, denotada por (AN), pode ser descrita pela seguinte equação (eq.6):

$$\Delta N = \frac{\chi(Fe)-\chi(inh)}{2(\eta(Fe)+\eta(inh))}$$
(6)

Na equação. $X_{(Fe)}$ representa a eletronegatividade do metal ($x_{(Fe)}$=7), enquanto x_{inh} se refere à eletronegatividade do inibidor. Adicionalmente, $n_{(Fe)}$ e x_{inh} correspondem aos valores de dureza do metal ($n_{(Fe)}$ = 0) e do inibidor, respetivamente (Zerga *et al.*, 2012).
Todos os valores de AN são positivos, o que indica que todas as moléculas são consideradas doadoras de electrões para as orbitais d desocupadas do Fe. Observamos também que o valor positivo de AN está associado à capacidade das moléculas doarem um eletrão à superfície metálica.
A diferença de energia AE reflecte a estabilidade eletrónica e a reatividade das moléculas. E valores mais baixos indicam uma adsorção mais favorável das moléculas do extrato.
A quercetina demonstra uma atividade de inibição eficaz devido à sua diferença de energia mais baixa (4,177 eV) do que as outras substâncias, o que resulta numa adsorção favorável. A capacidade de adsorção significativa da quercetina é apoiada pelo seu elevado valor de suavidade (G = 0,479).
Em termos de momento de dipolo (L_I) e de eletronegatividade (x). É amplamente reconhecido que valores mais elevados destes parâmetros conduzem provavelmente a uma maior adsorção do composto químico na superfície do metal. Isto aumenta a área de contacto entre a molécula e o metal, melhorando a capacidade do inibidor para inibir a corrosão.

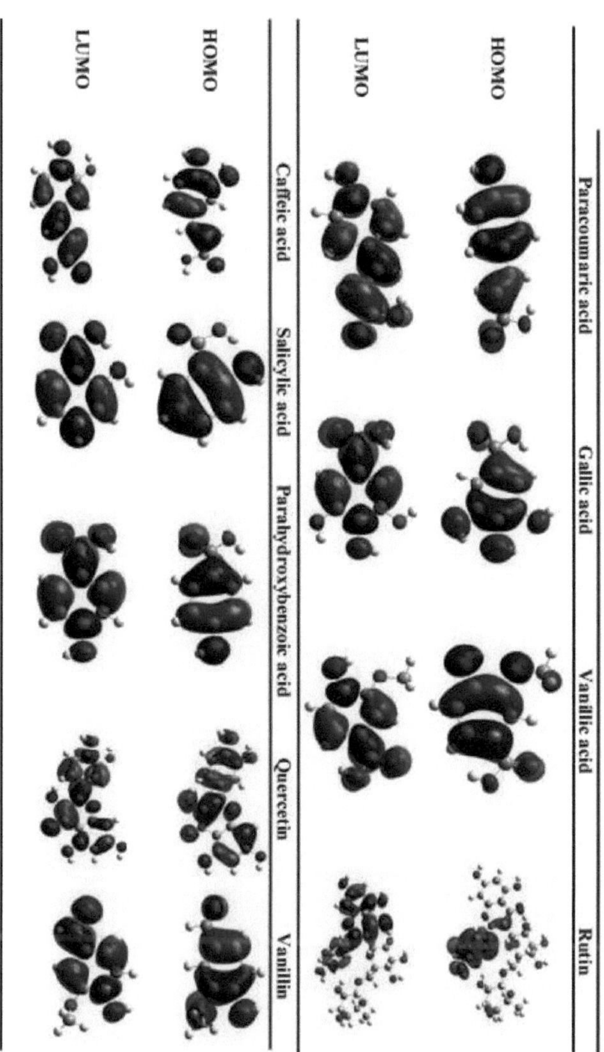

Figura 11: HOMO e LUMO para nove compostos em B3LYP/6-31G (d. p)

A análise das densidades electrónicas da orbital molecular mais alta ocupada (HOMO) e da orbital molecular mais baixa desocupada (LUMO) em nove moléculas demonstra que a densidade eletrónica do HOMO está uniformemente distribuída por toda a molécula, embora a rutina seja um caso excecional.

A densidade eletrónica está mais concentrada no anel aromático. Esta distribuição fornece uma indicação geral das áreas preferenciais para o ataque electrofílico ou nucleofílico.

3.9.2. Análise do potencial eletrostático molecular (MEP)

A determinação dos potenciais electrostáticos moleculares (MEP) para os compostos foi realizada através de cálculos DFT. Utilizando as geometrias optimizadas obtidas ao nível da

43

teoria B3LYP/6-31G (d.p). O objetivo era identificar as áreas específicas dos compostos que apresentam maior vulnerabilidade a ataques electrofílicos e nucleofílicos. Conforme ilustrado na (Figura 12). As áreas azuis indicam uma carga positiva parcial, o que as torna mais susceptíveis a ataques nucleofílicos. Por outro lado, as regiões vermelha e amarela possuem uma carga negativa, o que as torna mais susceptíveis a ataques electrofílicos. Os valores de potencial diminuem gradualmente do azul para o vermelho. É de notar que as regiões de potencial negativo residem principalmente em átomos de oxigénio, indicando uma elevada repulsão, enquanto as restantes áreas exibem um potencial positivo, significando uma elevada atração.

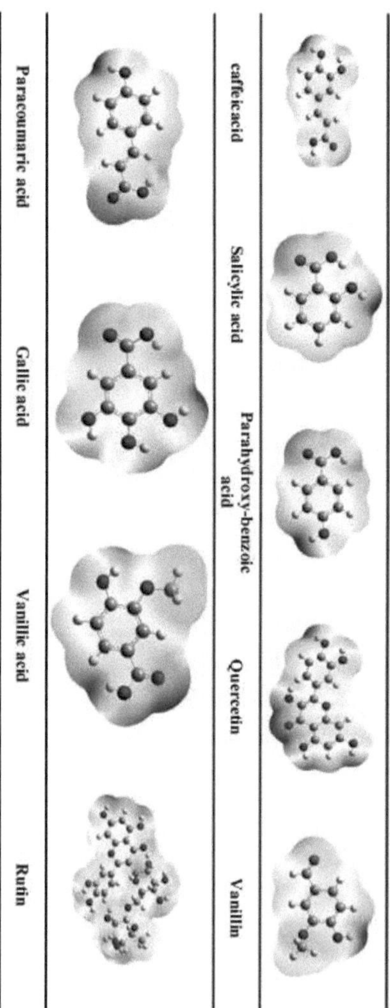

Figura 12: Imagens MEPs de todas as moléculas ao nível teórico B3LYP/6-31G (d.p) na fase gasosa

CONCLUSÃO

Esta investigação centra-se no estudo das propriedades de inibição da corrosão dos extractos aquoso e etanólico obtidos da planta *Pelargonium graveolens* em aço macio em meio de ácido clorídrico (HCl). O estudo emprega uma abordagem abrangente, utilizando várias técnicas experimentais e cálculos teóricos.

Os efeitos inibitórios dos extractos foram avaliados utilizando vários métodos, incluindo a análise gravimétrica, técnicas electroquímicas estacionárias e transientes, tais como a espetroscopia de impedância eletroquímica (EIS), e o exame das alterações morfológicas do aço macio utilizando a microscopia eletrónica de varrimento associada à espetroscopia de raios X dispersiva em energia (EDX). Além disso, foram efectuados cálculos da teoria do funcional da densidade (DFT) ao nível B3LYP/6-31G (d, p) para complementar os resultados experimentais.

Os resultados obtidos demonstram a inibição eficaz da taxa de dissolução do aço macio pelos extractos aquoso e etanólico de *Pelargonium graveolens*. A eficácia inibitória dos extractos atingiu um valor máximo de 97% para o extrato aquoso e 92% para a extração etanólica a uma concentração de 1 g/L. Estes resultados indicam que os extractos têm um potencial significativo como inibidores de corrosão para o aço macio em meio HCl.

Ao empregar uma combinação de abordagens experimentais e teóricas, este trabalho fornece informações valiosas sobre as propriedades inibidoras dos extractos de *Pelargonium graveolens* e expande o conhecimento da inibição da corrosão. Os resultados contribuem para o desenvolvimento de inibidores de corrosão ecológicos e eficientes para proteger o aço macio em ambientes ácidos.

REFERÊNCIAS

C EA (2015) Corrosion Engineering Principles and Solved Problems - Branko N. Popov. ISBN 978-0-444-62722-3.

Souto RM, Ait Albrimi Y, Ait Addi A, et al (2016) Estudos sobre a adsorção de iões heptamolibdato em aço inoxidável AISI 304 a partir de solução ácida de HCl para inibição da corrosão.

Onukwuli OD, Anadebe VC, Nnaji PC, *et al.* (2021) Efeito das moléculas de sementes de ervilha-de-porco (isoflavona) na inibição da corrosão do aço macio em solução de descalcificação de campos petrolíferos: estudos electro-cinéticos, de modelação DFT e de otimização. J Iran Chem Soc 18:2983-3005. https://doi.org/10.1007/s13738-021-02250-8.

Zhang M, Guo L, Zhu M, et *al.* (2021) Extrato de cascas de koiaz de Akebia trifoliate como inibidor de corrosão ambientalmente benigno para aço macio em soluções de HCl: Investigações experimentais e teóricas integradas. J Ind Eng Chem 101:227-236. https://doi.org/10.1016/j.jiec.2021.06.009.

Majd MT, Ramezanzadeh M, Ramezanzadeh B, Bahlakeh G (2020) Produção de um filme anticorrosivo ambientalmente estável baseado em moléculas de extrato de sementes de Esfand - catiões metálicos: Abordagens experimentais e de modelação computacional integradas. J Hazard Mater 382:121029. https://doi.org/10.1016/j.jhazmat.2019.121029.

Hameed RSA, Essa A, Nassar A, et al (2022) Chemical and Electrochemical Studies on Expired Lioresal Drugs as Corrosion Inhibitors for Carbon Steel in Sulfuric Acid (Estudos Químicos e Electroquímicos sobre Medicamentos Lioresal Expirados como Inibidores de Corrosão para Aço Carbono em Ácido Sulfúrico). J New Mater Electrochem Syst 25:268-276. https://doi.org/10.14447/jnmes.v25i4.a07.

Saady A, Ech-chihbi E, El-Hajjaji F, *et al.* (2021) Dinâmica molecular, DFT e eletroquímica para estudar o comportamento de adsorção interfacial do novo derivado de imidazo[4,5-b] piridina como inibidor de corrosão em meio ácido. J Appl Electrochem 51:245-265. https://doi.org/10.1007/s10800-020-01498-x.

Satapathy AK, Gunasekaran G, Sahoo SC, et al (2009) Inibição da corrosão pelo extrato da planta Justicia gendarussa em solução de ácido clorídrico. Corros Sci 51:2848-2856. https://doi.org/10.1016/j.corsci.2009.08.016.

Mejeha IM, Nwandu MC, Okeoma KB, et al (2012) Avaliação experimental e teórica da ação inibidora do extrato de Aspilia africana na corrosão da liga de alumínio AA3003 em ácido clorídrico. https://doi.org/10.1007/s10853-011-6079-2.

Anadebe VC, Nnaji PC, Okafor NA, et al (2021) Avaliação do Extrato de Folha de Kola Amarga como Aditivo Anticorrosivo para Aço Macio em Eletrólito 1,2 M H2SO4. South Afr J Chem 75:617.

Deng S, Li X (2012) Inibição pelo extrato de folhas de Ginkgo da corrosão do aço em soluções de HCl e H2SO4. Corros Sci 55:407-415. https://doi.org/10.1016/j.corsci.2011.11.005.

Nnanna LA, Onwuagba BN, Mejeha IM, Okeoma KB (2010) Efeitos de inibição de alguns extractos de plantas na corrosão ácida da liga de alumínio. Afr J Pure Appl Chem 4:011-016. https://doi.org/10.5897/AJPAC.9000079.

Moretti G, Guidi F, Grion G (2004) A triptamina como inibidor da corrosão do ferro verde em ácido sulfúrico desaerado 0,5 M. Corros Sci 46:387-403. https://doi.org/10.1016/S0010-938X(03)00150-1.

Fallavena T, Antonow M, Goncalves RS (2006) A cafeína como inibidor de corrosão não tóxico para o cobre em soluções aquosas de nitrato de potássio. Appl Surf Sci 2:566-571. https://doi.org/10.1016/j.apsusc.2005.12.114.

Torres VV, Amado RS, de Sa CF, et al (2011) Ação inibitória de extratos aquosos de café moído sobre a corrosão do aço carbono em solução de HCl. Corros Sci 53:2385-2392. https://doi.org/10.1016/j.corsci.2011.03.021.

Riffi O, Salim R, Ech-chihbi E, et al (2022) Estudos experimentais e quânticos de Dysphania ambrosioi'des (L.) como inibidor de corrosão ecológica para aço macio em ambiente de ácido clorídrico. J Bio- Tribo-Corros 8:113. https://doi.org/10.1007/s40735-022-00712-x.

Omar H, Elsayed T, El-Houda N, *et al.* (2020) Filogenia molecular orientada por genes, análise fitoquímica, actividades antibacterianas e antifúngicas de algumas espécies de plantas medicinais cultivadas no Egipto. Phytochem Anal Volume 32: https://doi.org/10.1002/pca.3018.

Nishant Bhardwaj, Sharma P, Kumar V (2021) Propriedade de inibição da corrosão e comportamento de adsorção do extrato de folhas de P. tremula em meios ácidos para aço utilizado na indústria petrolífera (SS-410). Prot Met Phys Chem Surf57 :1076-1084. https://doi.org/10.1134/S2070205121050051.

Bhardwaj N, Sharma P, Singh K, *et al.* (2021) Extrato de sementes de Phyllanthus emblica como inibidor de corrosão para aço inoxidável utilizado na indústria petrolífera (SS-410) em meio ácido. Chem Phys Impact 3:100038. https://doi.org/10.1016/j.chphi.2021.100038.

Yadav M, Behera D, Kumar S, Sinha RR (2013) Estudos experimentais e de química quântica sobre o desempenho de inibição da corrosão de derivados de benzimidazol para aço macio em HCl. Ind Eng Chem Res 52:6318-6328. https://doi.org/10.1021/ie400099q.

Zerga B, Sfaira M, Taleb M, et al (2012) Adsorção e inibição da corrosão de alguns compostos tripodais para aço macio em meio de ácido clorídrico molar. Pharma Chem

4:1887-1896.

Marsoul A, Ijjaali M, Elhajjaji F, *et al.* (2020) Triagem fitoquímica, extrato metanólico fenólico total e flavonoide da casca de romã (Punica granatum L): Avaliação do efeito inibitório em meio ácido 1 M HCl. Mater Today Proc 27:3193-3198. https://doi.org/10.1016/j.matpr.2020.04.202.

El-Hajjaji F, Merimi I, Messali M, *et al.* (2019) Estudos experimentais e quânticos de derivados de piridazínio recém-sintetizados em aço macio em meio de ácido clorídrico. Mater Today Proc 13: 822-831. https://doi.Org/10.1016/j. matpr.2019.04.045.

El-Hajjaji F, Ech-chihbi E, Rezki N, *et al.* (2020) Percepções electroquímicas e teóricas sobre a adsorção e inibição da corrosão de novos líquidos iónicos derivados de piridínio para aço macio em 1 M HCl. J Mol Liq 314:113737. https://doi.org/10.1016/j.molliq.2020.113737.

Saady A, El-Hajjaji F, Taleb M, et al (2018) Ferramentas experimentais e teóricas para o estudo da inibição da corrosão do aço macio em solução aquosa de ácido clorídrico por novos derivados de indanonas. Mater Discov 12:30-42. https://doi.org/10.1016/j.md.2018.11.001.

Anadebe VC, Nnaji PC, Onukwuli OD, et al (2022) Visão multidimensional da inibição da corrosão da molécula do fármaco salbutamol no aço macio em fluido acidificante de campos petrolíferos: Experimental and computer-aided modeling approach. J Mol Liq 349:118482. https://doi.org/10.1016/j.molliq.2022.118482.

Anadebe VC, Chukwuike VI, Selvaraj V, et al (2022) Nitreto de carbono grafítico dopado com enxofre (S-g-C3N4) como um inibidor de corrosão eficiente para o aço de tubulação X65 em solução de NaCl 3,5% saturada de CO2: Estudos electroquímicos, de XPS e de nanoindentação. Process Saf Environ Prot 164:715-728. https://doi.org/10.1016/j.psep.2022.06.055.

Tang Y, Zhang F, Hu S, et al (2013) Novos derivados de benzimidazol como inibidores de corrosão de aço macio em meio ácido. Parte I: Estudos gravimétricos, electroquímicos, SEM e XPS. Corros Sci Complete:271-282. https://doi.org/10.1016/j.corsci.2013.04.053.

Haque J, Srivastava V, Verma C, Quraishi MA (2017) Análise química experimental e quântica do ácido 2-amino-3-((4-((S)-2-amino-2-carboxietil)-1H-imidazol-2-il)tio) propiónico como inibidor de corrosão novo e verde para aço macio em solução de ácido clorídrico 1M. J Mol Liq C:848-855. https://doi.org/10.1016/j.molliq.2016.11.011.

Desimone MP, Gordillo G, Simison SN (2011) O efeito da temperatura e da concentração no mecanismo de inibição da corrosão de uma amido-amina anfifílica em solução saturada de CO2. Corros Sci 53:4033-4043. https://doi.org/10.1016/j.corsci.2011.08.009.

Arrousse N, Salim R, Bousraf FZ, et al (2022) Estudo experimental e teórico de derivados de xanteno como inibidor de corrosão para aço macio em solução de ácido clorídrico. J Appl Electrochem 52:1275-1294. https://doi.org/10.1007/s10800-022-01705-x.

El Hajjaji F, Abrigach F, Hamed O, et al (2018) Resistência à corrosão do aço macio revestido com material orgânico contendo a porção pirazol. Coatings 8:330. https://doi.org/10.3390/coatings8100330.

Arrousse N, Salim R, Abdellaoui A, *et al.* (2021) Síntese, caraterização e avaliação do derivado de xanteno como inibidor de corrosão altamente eficaz e não tóxico para aço macio imerso em solução de HCl 1 M. J Taiwan Inst Chem Eng 120:344-359. https://doi.org/10.1016/j.jtice.2021.03.026.

Matin MA, Islam MM, Bredow T, Aziz MA (2017) Os efeitos dos estados de oxidação, estados de spin e solventes na estrutura molecular, estabilidade e propriedades espectroscópicas dos complexos de Fe-catecol: Um estudo teórico. Adv Chem Eng Sci 7:137-

153. https://doi.org/10.4236/aces.2017.72011.

Zhan C-G, Nichols JA, Dixon DA (2003) Potencial de Ionização, Afinidade Eletrónica, Eletronegatividade, Dureza e Energia de Excitação Eletrónica: Molecular Properties from Density Functional Theory Orbital Energies. J Phys Chem A 107:4184-4195. https://doi.org/10.1021/jp0225774.

Kaya NI Savas (2018) Teoria concetual do funcional da densidade e sua aplicação no domínio químico. Apple Academic Press, Nova Iorque.

Pearson RG (1963) Hard and Soft Acids and Bases. J Am Chem Soc 85:3533-3539. https://doi.org/10.1021/ja00905a001.

CAPITULO 4

COMPOSIÇÃO QUÍMICA E ACTIVIDADE ANTIBACTERIANA DO ÓLEO ESSENCIAL DE *PELARGONIUM GRAVEOLENS* E DAS SUAS FRACÇÕES

RESUMO

Este trabalho tem como objetivo estudar a composição química e avaliar a atividade antibacteriana do óleo essencial de *Pelargonium graveolens* e das suas fracções recolhidas na região de Er-Rachidia, em Marrocos. A análise GC-MS do óleo essencial de *Pelargonium graveolens* e das suas fracções produziu compostos maioritários, tais como: epi-Y-Eudesmol (16,67%), Geraniol (12,54%), в-Citronelol (12, 34%), Formiato de Citronelil (7,70%) e Tiglato de Geranil (5.21%), para o óleo essencial bruto de *Pelargonium graveolons*, enquanto as fracções que são obtidas por cromatografia de placa preparativa deram os seguintes compostos, a fração 1 consiste principalmente em в-Citronellol (35. 83%) Geraniol (38,78%), a fração 2 é dominada por epi-Y-Eudesmol (55. 10%) e a-agorofurano (8,41%)), bem como a fração 3 é revelada a presença de Geranil geraniol (23,70%) e epi-Y-Eudesmol (17,53%) e Tiglato de fenil etilo (12,01%), a fração 4 consiste principalmente em Tiglato de fenil etilo (58,19%) e a-agorofurano (8. 49%), a fração 5 é representada por compostos maioritários como o Tiglato de geranilo (30,75%) e o Butanoato de geranilo (10,94%), enquanto a fração 6 é caracterizada principalmente por 1-Isopropil-4,7-dimetil- 1 ,2,3,5,6,8a-hexa-hidronaftaleno (12,08%).

No que diz respeito à atividade antibacteriana do óleo essencial e as suas fracções 1, 2, 3 e 4 mostraram poder bactericida contra todas as bactérias testadas: *Listeria monocytogenes, Escherichia coli, Staphylococcus aureus,* e *Salmonella typhimurium*, também as fracções 5 e 6 têm poder bactericida contra *Escherichia coli, Salmonellatyphimurium* e nenhum poder contra *Staphylococcus aureus* e *Listeria monocytogenes*.

Palavras-chave: *Pelargonium graveolens*, óleo essencial, GC-MS, atividade antibacteriana

1. INTRODUÇÃO

Atualmente, os investigadores científicos têm feito enormes progressos para substituir os antioxidantes sintéticos por compostos naturais potentes com menos efeitos secundários (Oussaid *et al.*, 2020). As plantas contêm elementos químicos biologicamente activos sob a forma de metabolitos secundários. Estes são os principais componentes que conferem à planta as suas propriedades medicinais. De facto, os óleos essenciais extraídos de plantas aromáticas e medicinais são compostos por misturas complexas de metabolitos secundários e podem ser utilizados em diferentes aplicações, tais como aromaterapia, perfumes, produtos farmacêuticos, detergentes e cosméticos (Khan *et al.*, 2018). Consequentemente, há muito que é utilizado como conservante natural para alimentos e bebidas devido à presença de compostos antimicrobianos (Nychas *et al.*, 2003).

A flora marroquina apresenta uma biodiversidade considerável. Possui numerosas plantas aromáticas e medicinais ricas em metabolitos secundários com importantes propriedades terapêuticas e farmacológicas. Estamos interessados em estudar as plantas de gerânio numa perspetiva de valorização dos recursos naturais da nossa região.

O gerânio perfumado (*Pelargonium graveolens*) é um membro da família do gerânio medicinal (Mainardi *et al.*, 2009). É muito utilizado pelas comunidades locais como erva culinária fresca ou seca. É também conhecida pelas suas propriedades farmacológicas no tratamento da febre, diarreia, bronquite, gastroenterite e outras doenças respiratórias (Tahan *et al.*, 2013; Tajkarimi *et al.*, 2010). Além disso, os seus óleos essenciais são utilizados na síntese de perfumes e cosméticos e na indústria alimentar. E várias propriedades farmacológicas, tais como antibacteriana, imunoestimulante, antioxidante, hipoglicémica, anti-inflamatória e inflamatória, foram demonstradas (Boukhris *et al.*, 2012; Nadjib *et al.*, 2013; Zhuang *et al.*, 2009; Moyo e Van Staden, 2014).

Este estudo tem como objetivo determinar, por um lado, a composição química do óleo essencial das folhas de *Pelargonium graveolens*, bem como as suas fracções obtidas por cromatografia em camada fina preparativa por GC-MS e, por outro lado, avaliar as suas actividades antimicrobianas contra quatro estirpes bacterianas: *Salmonella typhimurium, Escherichia coli, Staphylococcus aureus e Listeria monocytogenes.*

2. MATERIAL E MÉTODOS

2.1. Material vegetal

A parte aérea (caules, folhas e flores) de *Pelargonium graveolens* foi recolhida em maio de 2020 na região de Er-Rachidia (Marrocos) (31° 55' 38.05" N 4° 25' 42.593" W).

2.2. Extração do óleo essencial

A extração é feita por hidrodestilação num aparelho do tipo Clevenger. Uma mistura de 100 g de material vegetal e 1000 mL de água foi fervida durante 3 horas para obter o OE. O rendimento dos óleos essenciais é expresso como a quantidade de óleo obtida por 100 g de material vegetal seco. A essência obtida é armazenada em frascos de vidro a uma temperatura (4 °C) e protegida da luz. Os rendimentos são expressos em relação à matéria seca (em mL/100 g de matéria-prima).

2.3. Cromatografia preparatória

Esta técnica consiste na realização de placas de 20 X 20 cm do tipo DC Kiesel gel 60 F254, a espessura das camadas é de 25 mm e os solventes de migração utilizados são o hexano e o éter (10% Eth/Hex). A distância de migração do solvente é de 15 cm.

A mistura a separar é depositada como uma banda estreita pela justaposição de pontos ao longo da linha de partida. Depois de separar os constituintes da mistura em bandas paralelas, cada banda é destacada com sucesso com uma espátula e eluída com metanol.

2.4. Análise cromatográfica

Os óleos essenciais foram analisados utilizando um cromatógrafo Perkin Elmer auto system XL equipado com um amostrador automático e uma coluna não polar (Rtx-1) acoplada a um detetor Perkin Elmer Turbo Mass. O gás de arrastamento foi o hélio (1 mL/min) com uma pressão de 25 psi aplicada no topo da coluna. A temperatura do injetor era de 250°C e a do detetor de 280°C. O programa de aquecimento consistiu numa subida de 60°C para 230°C a uma taxa de 2°C/min, seguida de um patamar de 45 min a 230°C. A injeção foi efectuada em modo fraccionado com um rácio de fraccionamento de 1/50. O volume da amostra injetada foi de 0,2 gl. A deteção foi efectuada com um analisador de filtro de quatro pólos. As moléculas são normalmente bombardeadas com um feixe de electrões de 70eV. A unidade está ligada ao sistema informático que gere a biblioteca de espectros de massa do NIST.

2.5. Atividade antibacteriana

2.5.1. Estirpes bacterianas e condições de crescimento

As estirpes bacterianas utilizadas neste estudo (*Listeria monocytogenes, Salmonella typhimurium, Staphylococcus aureus* e *Escherichia coli*) foram obtidas no Laboratório de Microbiologia e Saúde, Faculdade de Ciências, Universidade Moulay Ismail, Marrocos. As estirpes bacterianas de stocks congelados (-80 ° C) foram espalhadas em ágar Mueller Hinton e incubadas a 37 ° C durante 24 horas. Em seguida, preparar uma suspensão bacteriana em água destilada estéril e ajustar para 0,5 equivalentes McFarland (108 CFU/mL).

2.5.2. Ensaio de disco-difusão

O método de difusão em disco testou a atividade antibacteriana dos óleos essenciais e das suas fracções. Placas de Petri contendo ágar Mueller Hinton foram espalhadas com 100 gL da suspensão bacteriana. Em seguida, espalharam 10 gL de óleo essencial e amoxicilina num disco de papel estéril de 6 mm de diâmetro. Em seguida, incubar a placa a 37°C durante 24 horas e medir o diâmetro da zona de inibição (incluindo o disco) em milímetros.

2.5.3. Método de microdiluição em caldo

A concentração inibitória mínima e a concentração bactericida mínima dos óleos essenciais contra 4 estirpes foram determinadas utilizando o método de microdiluição em caldo descrito por Bouymajane *et al.,* (2022). Resumidamente, um volume de 50 |iL de caldo Mueller Hinton suplementado com DMSO foi adicionado a microplacas estéreis de 96 poços de fundo plano. Em seguida, um volume de 50 |iL de óleo essencial e respectivas fracções (preparado em DMSO a 25% (v/v)) foi adicionado à primeira microplaca e misturado para determinar a diluição em série. De seguida, adicionar 50 |iL de suspensão bacteriana e 50 |iL de MHB-DMSO a cada poço. Os poços que continham suspensões bacterianas de MHB-DMSO e os poços que continham óleos essenciais e MHB-DMSO foram utilizados como controlos positivos e negativos, respetivamente.

Todas as microplacas foram incubadas a 37°C durante 24 horas. De seguida, foi adicionado um volume de 50 pl de cloreto de 2, 3, 5-trifenil tetrazólio (TTC) a cada poço da microplaca e reincubado a 37°C durante 30 minutos. A CIM foi determinada como a concentração mais baixa de óleo essencial que não apresentou crescimento bacteriano visível. A CMO foi determinada como a concentração mais baixa de óleo essencial ou fracções que não produziram colónias bacterianas. Os poços das microplacas que não apresentaram crescimento bacteriano visível foram espalhados em placas de Petri contendo MHA e incubados a 37°C durante 24 h. Todas as experiências foram efectuadas em triplicado.

3. RESULTADOS E DISCUSSÃO

Antes de realizar a atividade bactericida, foi efectuada uma análise cromatográfica gasosa acoplada à espetrometria de massa do óleo essencial (Figura 1). A composição química do óleo essencial e das suas fracções foi determinada e representada na Tabela 1.

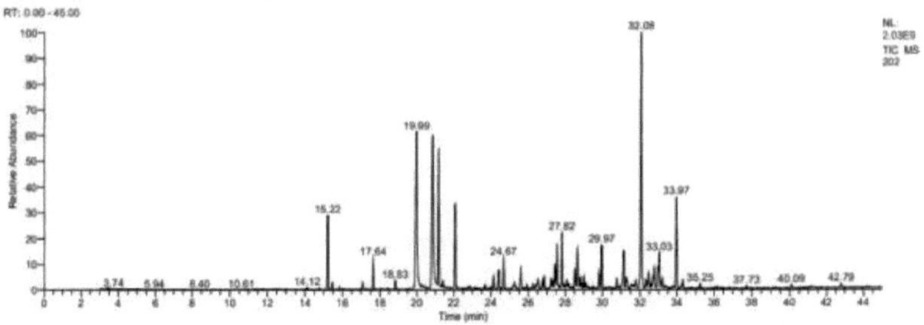

Figura 1: Cromatograma da análise do óleo essencial de *Pelargonium graveolens* colhido em Er- Rachidia

Table 1: Composição química do óleo essencial de *Pelargonium graveolens* e das suas fracções.

Compostos químicos	EO de	F1	F2	F3	F4	F5	F6

	P. graveolens						
Linalol	4.06	0.67	-	-	-	-	-
B-Citronelol	12.34	35.83	3.19	-	-	-	-
Geraniol	12.54	38.78	0.40	-	-	-	-
Formato de citronela	7.70	-	-	-	-	7.61	-
Formato de geranilo	0.00	-	-	-	-	6.83	-
Geranilacetato	1.90	-	-	-	-	-	-
Germacreno D	2.53	-	-	-	-	-	4.81
Viridflorene	3.39	-	-	-	-	-	7.66
Geranilbutanoato	2.51	-	-	-	-	10.94	-
Feniletiltilglato	2.70	-	-	12.01	58.19	-	-
epi-Y-Eudesmol	16.67	0.10	55.10	17.53	1.08	-	-
Geranyltiglate	5.21	-	-	-	-	30.75	-
B-cariofeleno	1.40	-	-	-	-	-	-
1-Isopropil-4,7- dimetil-1,2,3,5,6,8a-hexahidronaftaleno	2.40	-	-	-	-	-	12.08
Geranilgeraniol	-	-	-	23.70	-	-	-
Citronelilbutanoato	0.62	-	-	-	-	2.87	-
Y-cadineno	1.18	-	-	-	-	-	3.09
a-agorofurano	0.98	-	8.41	-	8.49	-	-
Nerilhexanoato	0.50	-	-	-	-	1.13	-
Total (%)	78.63	75.38	67.01	53.24	67.76	60.13	27.64
Oxigenado monoterpenos	28.94	75.28	3.59	-	-	-	0.0
Hidrocarbonetos sesquiterpenos	10.09	0.00	0.0	0.0	0.0	0.0	27.64
Sesquiterpenos oxigenados	24.04	0.10	63.51	17.53	9.57	30.75	0.0
Outros	21.14	0.0	0.0	12.01	58.19	60.13	0.0

As análises GC/MS do óleo essencial de *Pelargonium graveolens* e das suas fracções recolhidas mostraram a presença de cinco constituintes principais (Figural e Tabelal): epi-Y-Eudesmol (16,67%), Geraniol (12,54%), B-Citronellol (12, 34%), Citronellyl formate (7,70%) e Geranyl tiglate (5,21%). Este resultado é semelhante ao registado por Boukhris *et al.*, (2013), Moutaouafiq *et al.*, (2019), Rana *et al.*, (2002), Boukhatem *et al.*, (2013), e Wei *et al.*, (2022). Com efeito, as fracções F1, F2, F3, F4, F5 e F6 representam respetivamente 28,8 % (0,576 g), 18,7% (0,374 g), 1,7% (0,034 g), 3% (0,06 g) e 12,5% (0,25 g) e 12% (0,24 g) do óleo essencial total.83%) e Geraniol (38,78%), a fração F2 é dominada pela presença de sesquiterpenos oxigenados (Epi-Y-Eudesmol (55,10%) e a-agorofurano (8,41%)), a fração F3 revelou a presença de Geranil geraniol (23,70%), epi-Y-Eudesmol (17,53%) e Tiglato de feniletilo (12.01%), a fração F4 é constituída principalmente por tiglato de feniletilo (58,19%) e a-agorofurano (8,49%), a fração F5 representa compostos maioritários como o tiglato de geranilo (30,75%) e butanoato de geranilo (10,94%), o formato de citronelilo (7,61%) e o formato de geranilo (6. 83%), enquanto a fração F6 é caracterizada pela presença de hidrocarbonetos sesquiterpénicos predominantemente (27,64%), tais como 1-Isopropil-4,7-dimetil-1,2,3,5,6,8a-hexa-hidronaftaleno (12,08%) e Viridfloreen (7,66%), Germacren D (4,81%) e Y-cadineno (3,09%) (Quadro 1).

1.1. Atividade antibacteriana

O óleo essencial de *Pelargonium graveolens* e as suas fracções foram testados contra quatro camadas bacterianas (*Escherichia coli, Salmonella typhimirium, Staphylococcus aureus* e *Listeria monocytogenes*). Os resultados obtidos são apresentados no Quadro 4.

Os resultados do método de difusão em disco do óleo essencial (Figura 2 e Tabela 2) indicaram que *a Salmonella typhimirium* é mais sensível devido ao aparecimento de uma zona de inibição mais elevada (15 ± 0,22 mm). Este valor é mais elevado do que o obtido para o antibiótico amoxicilina (14,5 ± 0,15 mm), seguido de *Listeria monocytogenes* (13 ± 0,13 mm), *Staphylococcus aureus* (12 ± 0,12 mm) e *Escherichia coli* (9 ± 0,11 mm).

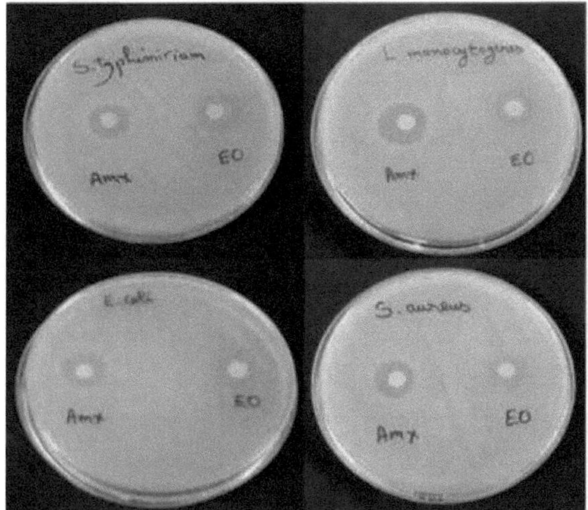

Figura 2: Método de difusão em disco do óleo essencial de *Pelargonium graveolens*

Table 2:   Diâmetro da zona de inibição do óleo essencial contra 4 estirpes bacterianas

Bactérias	Diâmetro da zona de inibição (mm) EOAMX	
Escherichia coli	9 ± 0.1116	± 0.21
Salmonellatyphimirium	15 ± 0.2214	.5 ± 0.15
Staphyloccocusaureus	12 ± 0.1214	± 0.18
Listeria monocytogenes	13 ± 0.1318	± 0.11

Amx: Amoxicilina (antibiótico)

Os resultados do método de difusão em disco das fracções de óleo essencial de *Pelargonium graveolens* (Figura 3 e Tabela 3) mostraram que a fração F1 tem uma área muito elevada (19 mm) contra a estirpe *Salmonella typhimurium*. Isto deve-se à presença de в-Citronelol (35,83%) e (38,78%) na fração F1. Estudos anteriores foram relatados sobre a atividade antibacteriana do óleo essencial rico em citronelol, que mostrou uma atividade antimicrobiana muito potente (Prashar *et al.*, 2003; Si *et al.*, 2006; Hassane *et al.*, 2022). Kim *et al.* provaram que o carvacrol, o citral e o geraniol apresentavam uma atividade antibacteriana potente contra a *Salmonella typhimurium* (Kim *et al.*, 1995). A fração F2 mostra um diâmetro da zona de inibição de 12 mm contra *Listeria monocytogenes* e a fração F3 mostra diâmetros elevados e semelhantes para as estirpes de *Salmonella Typhimurium* e Staphylococcus aureus (14 mm). Esta atividade antibacteriana pode ser devida à maioria dos compostos Geranil geraniol (23,70%), epi-Y-Eudesmol (17,53%) e Feniletiltrilo (12,01%). Para as fracções F4, F5 e F6, revelaram uma baixa atividade, o que está de acordo com a literatura (Ngom *et al.*, 2014).

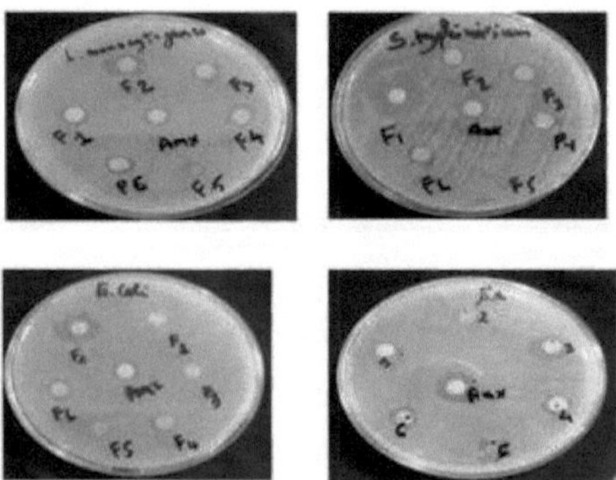

Figura 3: Método de difusão em disco das fracções de óleo essencial *de Pelargonium graveolens*

Table 3:   Diâmetro da zona de inibição das fracções de óleo essencial de *P. Graveolens*

<u>**Diâmetro da zona de inibição (mm)**</u>

	Fracções	F1	F2	F3	F4	F5	F6	Amx
Bactérias	*Escherichia coli*	14	9	6	10	5	6	10
	Salmonellatyphimirium	19	9	14	9	9	9	11
	Staphyloccocusaureus	13.5	8	14	11	9	10	15
	Listeria monocytogenes	9	12	10	11	7	10	9

Amx: Amoxicilina (antibiótico)

Os resultados da Concentração Mínima de Inibição (CMI) (Figura 4) indicaram que o óleo essencial de *Pelargonium graveolens* apresentou um efeito bactericida contra todas as bactérias, *Escherichia coli, Staphyloccocus aureus, Salmonella Typhimurium* e *Listeria monocytogenes*, com o valor da CMI variando entre 1,04% e 2,08%. Estes resultados são semelhantes aos obtidos por Atailia *et al.*, (2015). que encontraram uma atividade antibacteriana interessante com um valor de CIM de 1% e 1,5% para bactérias Gram-positivas e Gram-negativas, respetivamente (Tabela 4).

A potente atividade antibacteriana do óleo essencial de *Pelargonium graveolens deve-se principalmente à sua composição química,* que é rica em álcoois e fenóis terpénicos (в-Citronelol, Geraniol, Linalol, epi-Y-Eudesmol). A potente atividade antibacteriana do óleo essencial de Pelargonium graveolens deve-se principalmente à sua composição química, rica em álcoois e fenóis terpénicos (в-Citronelol, Geraniol, Linalol, epi-Y-Eudesmol). Muitos autores estudaram a atividade antimicrobiana dos principais compostos dos óleos essenciais, classificando-os pela seguinte ordem: fenóis, álcoois, aldeídos, cetonas, éteres e hidrocarbonetos (Cox *et al.*, 2001; Bourkhiss *et al.*, 2022; Farag *et al.*, 1989).

Figura 4: Método de microdiluição do óleo essencial de *Pelargonium graveolens* (*E.Coli :*
Escherichia coli ;S.T : Salmonella typhimirium ;S.a : Staphyloccocus aureus ;L.m : Listeria
monocytogenes)

Os resultados das fracções do óleo essencial de *Pelargonium graveolens* (Figura 5) mostraram
que os valores de CMI variam entre 1,04% e 8,33%. A fração 1 revelou um efeito bactericida
para a bactéria *Escherichia coli* e um efeito bacteriostático para as outras bactérias testadas
com um rácio de CMB/CMI igual a 4. A fração 2 revelou um efeito bactericida para a
Salmonella
typhimurium, Staphylococcus aureus e *Listeria monocytogenes* com um rácio de 2
e um efeito bacteriostático para Escherichia coli. A fração 3 apresentou um efeito bactericida
para
Salmonella typhimurium e um efeito bacteriostático para *Escherichia coli* e *Staphylococcus*
aureus. A fração 4 mostrou um efeito bactericida para todas as bactérias testadas com rácios
BMC/MIC entre 1 e 2. Enquanto as fracções 5 e 6 mostraram um efeito bactericida para a
Salmonella typhimurium (Quadro 4).

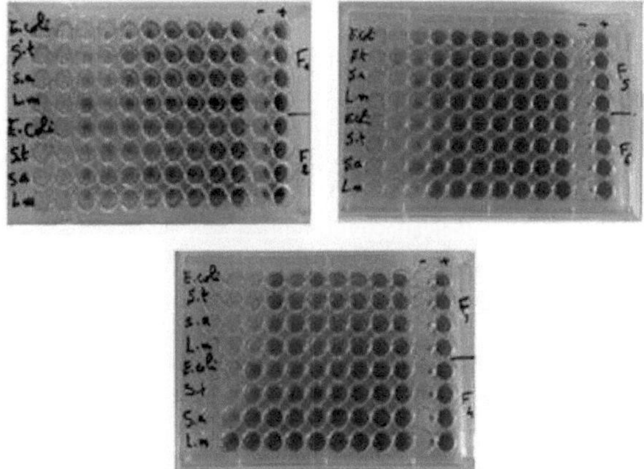

Figura 5: Método de microdiluição de seis fracções de óleo essencial de *Pelargonium*
graveolens

Tabela 4: Concentrações inibitórias MIC e BMC em (%) do óleo essencial de *Pelargonium*
graveolens e das suas fracções

| Bactérias | | | | | | | | | | | | |
| Escherichia coli Istrains | | | Salmonela typhimirium | | | Staphylococcus aureus | | | Listeria monocytogenes | | | |
(%)	MIC	MBC	MBC/ MIC	MIC	MBC	MBC/ MIC	MIC	MBC	MBC/ MIC	MIC	MBC	MBC/ MIC
EO	1.04	2.08	2	1.04	2.	082	2.08	2.08	1	1.04	2.08	2
F1	2.08	4.16	2	1.04	4.	164	1.04	4.16	4	1.04	4.16	4
F2	1.04	4.16	4	2.08	4.	162	2.08	4.16	2	4.16	8.33	2
F3	2.08	8.33	4	2.08	4.	162	2.08	8.33	4	2.08	-	-
F4	4.16	8.33	2	4.16	8.	332	8.33	8.33	1	8.33	8.33	1
F5	4.16	8.33	2	8.33	8.	331	4.16	-	-	4.16	-	-
F6	4.16	-	-	4.16	8.	332	4.16	-	-	4.16	-	-

CONCLUSÃO

A análise GC-MS do óleo essencial de *Pelargonium graveolens* e das suas fracções mostrou que o óleo essencial é rico em epi-Y-Eudesmol, Geraniol, в-Citronellol, Citronellyl formate, e Geranyl tiglate, a fração 1 consiste principalmente em в-Citronellol e Geraniol, a fração dois é dominada por epi-Y-Eudesmol e a-agorofuran, bem como a fração três revela a presença de geranil geraniol e epi-Y-Eudesmol e fenil etil tiglato, a fração 4 consiste principalmente em fenil etil tiglato e a-agorofurano, a fração cinco é representada por maiorias como geranil tiglato e geranil butanoato, enquanto a fração seis é caracterizada principalmente por 1-Isopropil-4,7-dimetil-1,2,3,5,6,8a-hexa-hidronaftaleno, Além disso. O óleo essencial de Pelargonium graveolens e as suas fracções mostraram um efeito bactericida em todas as bactérias testadas, pelo que as fracções 5 e 6 possuíam efeitos bactericidas em *Escherichia coli, Salmonella typhimirium,* e nenhum efeito em *Staphyloccocus aureus* e *Listeria monocytogenes.*

De facto, estes resultados preliminares destacaram que o OE de Pelargonium graveolens pode ser considerado uma alternativa adequada para utilização na indústria alimentar como agente antimicrobiano natural.

REFERÊNCIAS

A. Oussaid, M. Azzouzi, A. I. Mansour, M. Azouagh, M. Koudad, et A. Oussaid, " Assessment of the Chemical/biological activities of extracts and essential oil of Rosmarinus officinalis L. from the Oriental region of Morocco ", *Moroc. J. Chem.*, vol. 8, n° 3, Art. n° 3, juill. 2020, doi: 10.48317/IMIST.PRSM/morjchem-v8i3.20151.

M. Khan, S. T. Khan, N. A. Khan, A. Mahmood, A. A. Al-Kedhairy, et H. Z. Alkhathlan, "A composição do óleo essencial e do destilado aquoso de Origanum vulgare L. que cresce na Arábia Saudita e avaliação da sua atividade antibacteriana", Arab. *J. Chem.*, vol. 11, n° 8, p. 1189-1200, ëёc. 2018, doi: 10.1016/j.arabjc.2018.02.008.

G.-J. Nychas, P. Skandamis, et C. Tassou, " Antimicrobials from herbs and spices ", in *Natural Antimicrobials for the Minimal Processing of Foods*, vol. 9, 2003, p. 176-200. DOI: 10.1533/9781855737037.176.

T. Mainardi, S. Kapoor, et L. Bielory, " Complementary and alternative medicine: herbs, phytochemicals and vitamins and their immunologic effects ", *J. Allergy Clin. Immunol*, vol. 123, no 2, p. 283-294; quiz 295-296, fevr. 2009, doi: 10.1016/j.jaci.2008.12.023.

F. Tahan et M. Yaman, " Pode o extrato de raiz de Pelargonium sidoides EPs® 7630 prevenir ataques de asma durante infecções virais do trato respiratório superior em crianças? ", *Phytomedicine*, vol. 20, n° 2, p. 148-150, janv. 2013, DOI 10.1016/j.phymed.2012.09.022.

M. M. Tajkarimi, S. A. Ibrahim, et D. O. Cliver, " Antimicrobial herb and spice compounds in food ", *Food Control*, vol. 21, n° 9, p. 1199-1218, Sept. 2010, DOI10.1016/j.foodcont.2010.02.003.

M. Boukhris, M. Bouaziz, I. Feki, H. Jemai, A. El Feki, et S. Sayadi, " Hypoglycemic and antioxidant effects of leaf essential oil of Pelargonium graveolens L.'ller. in alloxan-induced diabetic rats ", *Lipids Health Dis.*, vol. 11, n° 1, p. 81, juin 2012, DOI: 10.1186/1476-511X-11-81.

M. Nadjib Boukhatem, A. Kameli, M. Amine Ferhat, F. Saidi, et M. Mekarnia, " Rose geranium essential oil as a source of new and safe anti-inflammatory drugs ", *Libyan J. Med.*, vol. 8, n° 1, p. 22520, janv. 2013, doi : 10.3402/ljm. v8i0.22520.

S.-R. Zhuang *et al.*, " Effect of citronellol and the Chinese medical herb complex on cellular immunity of cancer patients receiving chemotherapy/radiotherapy ", *Phytother. Res.*, vol. 23, n° 6, p. 785-790, 2009, doi: 10.1002/ptr.2623.

M. Moyo et J. Van Staden, " Propriedades medicinais e conservação de Pelargonium sidoides DC. ", *J. Ethnopharmacol.*, vol. 152, n° 2, p. 243-255, mars 2014, doi: 10.1016/j.jep.2014.01.009.

A. Bouymajane *et al.*, " Phenolic Compounds, Antioxidant and Antibacterial Activities of Extracts from Aerial Parts of Thymus zygis subsp. gracilis, Mentha suaveolens and Sideritis incana from Morocco ", *Chem. Biodivers.*, vol. 19, n° 3, p. e202101018, mars 2022, doi: 10.1002/cbdv.202101018.

M. Boukhris, M. S. J. Simmonds, S. Sayadi, et M. Bouaziz, "Composição química e actividades biológicas dos extractos polares e do óleo essencial de gerânio com aroma a rosa, Pelargonium graveolens", *Phytother. Res. PTR,* vol. 27, n° 8, p. 1206-1213, aout 2013, doi: 10.1002/ptr.4853.

S. Moutaouafiq, A. Farah, Y. Ez zoubi, M. Ghanmi, B. satrani, et D. Bousta, "Antifungal Activity of Pelargonium graveolens Essential Oil and its Fractions Against Wood Decay Fungi", *J. Essent. Oil Bear. Plants*, vol. 22, n° 4, p. 1104-1114, juill. 2019, doi: 10.1080/0972060X.2019.1646164.

V. S. Rana, J. P. Juyal, et M. Amparo Blazquez, "Constituintes químicos do óleo essencial das folhas de Pelargonium graveolens", *Int. J. Aromather*, vol. 12, no 4, p. 216-218, dëc. 2002, doi: 10.1016/S0962-4562(03)00003-1.

M. N. Boukhatem, A. Kameli, et F. Saidi, "Óleo essencial de gerânio argelino com aroma de rosa (Pelargonium graveolens): Chemical composition and antimicrobial activity against food spoilage pathogens ", *Food Control*, vol. 34, n° 1, p. 208-213, nov. 2013, doi: 10.1016/j.foodcont.2013.03.045.

L. Wei *et al.*, "Comparação da composição química e das actividades dos óleos essenciais de folhas frescas de Pelargonium graveolens L'Herit. extraídos por hidrodestilação e pré-tratamento enzimático combinado com um método de extração por micro-ondas sem solventes", Ind. *Crops Prod.*, vol. 186, p. 115204, oct. 2022, DOI: 10.1016/j.indcrop.2022.115204.

A. Prashar, P. Hili, R. G. Veness, et C. S. Evans, " Antimicrobial action of palmarosa oil (Cymbopogon martinii) on Saccharomyces cerevisiae ", *Phytochemistry*, vol. 63, n° 5, p. 569-575, juill. 2003, doi: 10.1016/s0031-9422(03)00226-7.

W. Si *et al.*, " Antimicrobial activity of essential oils and structurally related synthetic food additives towards selected pathogenic and beneficial gut bacteria ", *J. Appl. Microbiol*, vol. 100, no 2, p. 296-305, fevr. 2006, doi: 10.1111/j.1365-2672.2005.02789.x.

S. O. S. Hassane, M. Ghanmi, B. Satrani, A. Farah, N. Mansouri, et A. Chaouch, " Activite antifongique contre la pourriture du bois de l'huile essentielle de Pelargonium x asperum Erthrt. Ex Willd des lies Comores ", *Bull. Societe R. Sci. Liege*, janv. 2012, Consulte le : 25 novembre 2022. [En ligne]. Disponível em: https://popups.uliege.be/0037-9565/index.php?id=3650

J. m. Kim, Mr. Marshall, J. a. Cornell, J. f. P. Iii, et C. i. Wei, " Antibacterial Activity of Carvacrol, Citral, and Geraniol against Salmonella typhimurium in Culture Medium and on Fish Cubes ", *J. Food Sci.*, vol. 60, n° 6, p. 1364-1368, 1995, DOI 10.1111/j.1365-2621.1995.tb04592. x.

S. Ngom, M. Diop, M. Mbengue, F. Faye, et J. M. Kornprobst, " Composition chimique et proprietes antibacteriennes des huiles essentielles d'Ocimum basilicum et d'Hyptis suaveolens (L.) Poit recoltes dans la region de Dakar au Senegal ", p. 9, 2014.

I. Atailia et A. Djahoudi, " Composition chimique et activite antibacterienne de l'huile essentielle de geranium rosat (Pelargonium graveolens L'Her.) cultive en Algerie ", *Phytotherapie*, vol. 13, n° 3, p. 156-162, juin 2015, doi : 10.1007/s10298-015-0950-2.

S. D. Cox, C. M. Mann, et J. L. Markham, " Interactions between components of the essential oil of Melaleuca alternifolia ", *J. Appl. Microbiol.*, vol. 91, n° 3, p. 492-497, sept. 2001, Doi: 10.1046/j.1365-2672.2001.01406. x.

M. Bourkhiss, M. Hnach, T. Lakhlifi, B. Bourkhiss, M. Ouhssine, et B. Satrani, " production et caracterisation de l'huile essentielle de la sciure de bois de tetraclinis articulata (vahl) masters ", *Bull. Societe R. Sci. Liege*, janv. 2010, Consulte le: 2 decembre 2022. [En ligne]. Disponível em: https://popups.uliege.be/0037-9565/index.php?id=2303

R. S. Farag, Z. Y. Daw, F. M. Hewedi, et G. S. A. El-Baroty, " Antimicrobial Activity of Some Egyptian Spice Essential Oils ", *J. Food Prot.*, vol. 52, n° 9, p. 665-667, sept. 1989, doi : 10.4315/0362-028X-52.9.665.

CAPITULO 5
ESTUDO DA COMPOSIÇÃO QUÍMICA E AVALIAÇÃO
DA ACTIVIDADE ANTIOXIDANTE E ANTIMICROBIANA DE *TAXUS BACCATA* (L.)

RESUMO

Este trabalho centra-se na procura de moléculas naturais com atividade biológica que possam ser utilizadas para encontrar alternativas aos produtos sintéticos, através do estudo da composição química e da avaliação da atividade antioxidante e antibacteriana do extrato de *Taxus baccata* (L.). A composição química foi determinada por cromatografia HPLC-UV, enquanto a atividade antioxidante foi determinada pelo método de eliminação do radical DPPH e por voltametria cíclica. O método de diluição em caldo foi utilizado para obter a atividade antibacteriana contra um total de 14 bactérias patogénicas de origem alimentar diferentes, sendo 4 Gram-positivas e 10 Gram-negativas.

Os resultados da análise do extrato estudado por HPLC-UV permitiram identificar cerca de dez compostos fenólicos. O ácido salicílico (18,8 |ig/mg), o ácido gálico (5,45 |ig/mg), a quercitina (4,8 |ig/mg), a rutina (3,98 |ig/mg), o ácido hidroxibenzóico (3,34 |ig/mg), a cafeína (1 |ig/mg), o ácido cafeico (0,267 |ig/mg) e a vanilina (0.258 |ig/mg). A atividade antioxidante mostrou uma atividade antirradicalar interessante, o voltamograma mostra também um pico de oxidação relacionado com a oxidação dos compostos fenólicos contidos no *Taxus baccata* (L.). Os resultados da atividade antibacteriana mostram propriedades antibacterianas significativas contra estirpes Gram-positivas e Gram-negativas.

Palavras-chave: *Taxus baccata* (L.), HPLC-UV, atividade antioxidante, voltametria cíclica, bactérias patogénicas

1. INTRODUÇÃO

A correlação que existe, do ponto de vista epidemiológico, entre elevadas concentrações de antioxidantes naturais e a prevenção de doenças degenerativas pode ser explicada pela capacidade de eliminação de radicais livres destes compostos (Ruiz-Teran *et al.*, 2008). Entre os antioxidantes naturais, as plantas, os alimentos e as plantas medicinais são os mais conhecidos. Nos países em desenvolvimento, os cuidados de saúde baseiam-se principalmente em plantas medicinais e o seu valor comercial é conhecido por ser prolífico (Fioccardi *et al.*, 2022; Chaachouay *et al.*, 2019; Zubay *et al.*, 2021). As empresas produtoras de medicamentos atribuíram um valor mais elevado às plantas medicinais na procura de remédios naturais e são principalmente utilizadas no tratamento de várias doenças (Ivanz *et al.*, 2018; Abubakar *et al.*, 2022). A OMS tem aconselhado a Medicina Popular como um tratamento fiável para doenças microbianas e não microbianas e, devido à grande variedade de compostos químicos nas plantas medicinais, tem ganho mais atenção nas últimas duas décadas (Atanasov *et al.*, 2021). Além disso, os fenóis, flavonóides, taninos, alcalóides, esteróides e saponinas são os principais componentes bioactivos das plantas e esses metabolitos diferem nas suas estruturas e propriedades (Nithya *et al.*, 2018; Assaf *et al.*, 2022).

As substâncias bioactivas das plantas são responsáveis pelas suas diversas actividades, sendo a fitoterapia considerada a abordagem de saúde mais antiga à disposição da humanidade (Asumang *et al.*, 2021; Negm *et al.*, 2022; Ralte *et al.*, 2021). A qualidade dos nutracêuticos e dos medicamentos à base de plantas está geralmente relacionada com a sua capacidade antioxidante, que pode ser determinada com técnicas espectrofotométricas ou electroquímicas (Chevion *et al.*, 2000; Huang *et al.*, 2005). Nos últimos anos, os antimicrobianos à base de plantas têm recebido uma atenção crescente como alternativas aos antibióticos, devido à sua potência e à sua baixa propensão para desenvolver resistência nas bactérias. Além disso, alguns produtos naturais reforçam a ação dos antibióticos comuns com uma ação sinérgica (Gorniak *et al.*, 2019).

Taxus baccata (L.) é uma espécie de conífera pertencente à família Taxaceae, devido às suas outras substâncias com propriedades fisiológicas elevadas, é também bem conhecida na farmacologia e na medicina. No passado, as folhas eram utilizadas sob a forma de sumo e chá para várias condições médicas como asma, bronquite, reumatismo e epilepsia. As sementes estão rodeadas por uma estrutura vermelha brilhante chamada arilo, que é principalmente consumida por aves (Tabaszewska *et al.*, 2021). Os rebentos jovens e as bagas são utilizados para fazer um remédio homeopático. A cistite, as erupções, as dores de cabeça, as perturbações cardíacas e renais, o reumatismo e outras infecções são tratadas com este remédio.

Os constituintes do género *Taxus*, tais como lignanos, esteróides e flavonóides e outros constituintes fenólicos, têm propriedades antibacterianas e antifúngicas (Sharma *et al.*, 2021; Lange e Conner, 2021; Maroso *et al*, 2021), atividade inibidora de enzimas e antioxidante (Kucukboyaci *et al.*, 2010), atividade antiulcerogénica (Erdemoglu *et al.*, 2004) e anticancerígena (Hamedi *et al.*, 2022; Hao, 2021). O *Taxus baccata* (L.) como fonte do agente anticancerígeno paclitaxel tem atraído um interesse considerável e tem sido amplamente investigado. Atualmente, tem sido utilizado no fabrico de medicamentos para tratar vários tipos de cancro. O paclitaxel está também a ser clinicamente investigado para o tratamento de uma variedade de outros tipos de cancro em conjunto com outros produtos quimioterapêuticos (Pullaiah *et al.*, 2022; Pullaiah, 2013).

Em 2003, Kupeli *et al.* (2003) utilizaram o etanol para extrair toxóides (taxusina, baccatina VI, baccatina III e 1-hidroxibacatina I) e lenhina (lariciresinol, taxiresinol, 30-demetilisoliaricire sinol- 90-hidroxiisopropiléter, isolariciresinol e 3-demetilisolariciresinol). A T. baccata contém a maior parte dos alcalóides e pode ser isolada em grandes quantidades. A taxina A e B constituem a maior parte dos alcalóides. Esta espécie também é enriquecida em flavonóides, um componente essencial da medicina, a composição de flavonóis e biflavonas varia de espécie para espécie. Alguns exemplos de flavonóides são os análogos da quercetina, da miricetina e do kaempferol (Sharma *et al.*, 2021).

O objetivo deste estudo foi, portanto, a valorização da planta *Taxus baccata* (L.), por um lado, o estudo da composição química e a avaliação do poder antioxidante pelo método de eliminação do radical DPPH e pelo método eletroquímico. Por outro lado, a avaliação da atividade antimicrobiana.

2. MATERIAIS E MÉTODOS

2.1. Recolha de plantas

As folhas de *Taxus baccata* (L.) foram recolhidas na floresta de IFRANE (33°32'North, 5°06'West) em Marrocos.

Trata-se de uma extração sólido-líquido contínua. São introduzidos 50 g de pó num cartucho de celulose, que é colocado num soxhlet, encimado por um frigorífico, que está ligado a um balão de 500 mL contendo uma quantidade suficiente de solvente orgânico (etanol). Com a ajuda de um aquecedor de balão, o solvente é fervido durante 3 horas, permitindo a extração contínua dos constituintes contidos no pó.

2.2. Análise por cromatografia HPLC-UV

As análises foram efectuadas num instrumento Jasco LC-Net II/ ADC, constituído por um

PU-2089 plus 2695, um detetor Jasco UV-2070 plus e um injetor manual. Foi utilizada uma coluna Agilent Zorbax Extend-C18 (5 pm, 4,6 mm x 250 mm x4,6 Col). O extrato a uma concentração de 10 mg/mL foi dissolvido em etanol e depois filtrado. A fase móvel consistiu em dois eluentes, ácido fórmico-água ultra pura (0,1%) (A) e acetonitrilo (B), a eluição começou com 7% de B e utilizando um gradiente para obter 18% em 10 min, 20% em 25 min, 30% em 35 min, 50% em 50 min, 80% em 65 min e 100% em 80 min, a uma velocidade de 0,7 mL/min. A deteção UV foi efectuada a 1 = 280 nm e o volume de injeção foi de 20 pL. Após cada injeção, o sistema analítico foi lavado durante 30 minutos com uma mistura de MeOH/acetonitrilo /H2O (20/40/40). O sistema de HPLC é controlado pelo software de HPLC ChromNAV 2.0 - JASCO.

Foram testados dez compostos fenólicos, incluindo 7 ácidos fenólicos (ácido gálico, ácido hidroxibenzóico, ácido vanílico, ácido cafeico, ácido acetilsalicílico, ácido P-cumárico e ácido salicílico) e 4 flavonóides (rutina, quercetina, cafeína, vanilina).

2.3. Actividades antioxidantes

2.3.1. O método DPPH

A 0,1 mL do extrato foram adicionados 3,9 mL de DPPH (2,4 mg em 100 mL de metanol), as soluções foram incubadas no escuro durante 30 minutos. a leitura foi feita a 515 nm (Benzidia *et al.*, 2019).

A percentagem de inibição do DPPH é calculada a partir da seguinte equação:

$$\% \; Inhibition = [\frac{A_{control} - A_{simple}}{A_{control}} * 100] \tag{1}$$

Controlo: Absorção da solução que contém apenas a solução de DPPH

Simples: Absorção da solução da amostra de ensaio na presença de DPPH

2.3.2. Método eletroquímico: voltametria cíclica

A voltametria cíclica foi realizada utilizando um potenciostato-galvanostato-OGF01A controlado pelo software Origamaster 5. Foi utilizada uma célula de eletrólise termostatizada de três eléctrodos, com um elétrodo de platina como elétrodo de trabalho, um elétrodo de Hg|Hg2Cl2|KClsat como elétrodo de referência e um elétrodo de Pt como contra elétrodo. O potencial foi varrido de 200 a +1000 mV com um tempo de varrimento de 500 mV/s. A solução electrolítica era constituída por iões fosfato (KH2PO4 e K2HPO4 0,1 M, pH=7). Antes de cada ensaio, as soluções foram desarejadas por meio de nitrogénio borbulhante durante alguns minutos. Os voltamogramas apresentados são a média de 4 a 5 medições.

A capacidade antioxidante das fracções de *Taxus baccata* (L.) estudadas foi determinada a partir da densidade de corrente do gráfico do voltamograma anódico. A curva de calibração é obtida traçando a densidade de corrente da curva do voltamograma anódico do ácido ascórbico em função da sua concentração (0,05-0,6 g/L). A atividade antioxidante total AAT é calculada a partir da seguinte relação:

$$TAA = \frac{C}{C_{eq}} \tag{2}$$

C: Concentração do extrato na célula eletroquímica,

Ceq: Concentração equivalente de ácido ascórbico (Benchikha *et al.*, 2014; Rebiai e Lanez, 2014).

2.4. Atividade antibacteriana

A atividade antimicrobiana das folhas de *Taxus baccata* (L.) foi realizada no Laboratório de Microbiologia Alimentar do Departamento de Ciências Veterinárias da Universidade de

Messina, em Itália, num total de 14 bactérias patogénicas de origem alimentar diferentes (4 Gram-positivas e 10 Gramnegativas).

Todas as culturas utilizadas foram preparadas através da inoculação de um grânulo de stock criovial congelado (-80°C) em caldo Brain Heart Infusion (BHIb; Biolife, Milão, Itália) e mantidas a 37°C durante 20 h, exceto as estirpes de Aeromonas que foram incubadas a 30°C durante 20 h.

Quadro 1: Lista de todas as estirpes testadas

Grama	Estirpe	Abreviatura
Positivo	*Listeria monocytogenes* ATCC 13932	*L. monocytogenes* 13932
	Listeria monocytogenes ATCC 7644	*L. monocytogenes* 7644
	Staphylococcus aureus ATCC 6538	*S. aureus* 6538
	Staphylococcus aureus ATCC 25923	*S. aureus* 25923
Negativo	*Salmonella enterica* subsp. *enterica* serovar Enteritidis ATCC 13076	*S. enteritidis* 13076
	Salmonella enterica subsp. *enterica* serovar Typhimurium ATCC 14028	*S. serovar* 14028
	Escherichia coli ATCC 8739	*E. coli* 8739
	Escherichia coli ATCC 35218	*E. coli* 35218
	Pseudomonas aeruginosa ATCC 27853	*P. aeruginosa* 27853
	Vibrio parahaemolyticus ATCC 17802	*V. parahaemolyticus* 17802
	Yersinia enterocolitica subsp. *enterocolitica* ATCC 23715	*Y. enterocolitica* 23715
	Yersinia enterocolitica subsp. *enterocolitica* ATCC 9610	*Y. enterocolitica* 9610
	Aeromonas hydrophila ATCC 7966	*A. hydrophila* 7966
	Aeromonas hydrophila ATCC 35654	*A. hydrophila* 35654

2.5. Determinação da concentração inibitória mínima (CIM) e da concentração bactericida mínima (CBM) (método de microdiluição)

A determinação da CIM e da CMO foi efectuada de acordo com o método de microdiluição em meio Mueller-Hinton líquido (MH) utilizando microtubos (Bouhdid *et al.*, 2009).

De facto, a partir de uma solução-mãe de extrato metanólico (10 mg/mL solubilizado em DMSO), foi preparada uma série de diluições para obter as seguintes concentrações (0,0001 mg/mL, 0,0005 mg/mL, 0,001 mg/mL, 0,005 mg/mL, 0,01 mg/mL, 0. 05 mg/mL, 0,1 mg/mL, 0,5 mg/mL, 1 mg/mL, 1,5 mg/mL e 2 mg/mL), estes foram adicionados assepticamente a uma série de microtubos contendo 140 |iL de BHI e 20 |iL de caldo de suspensão bacteriana 0,5 Mc farland (2.106 CFU/mL). Para cada bactéria e extrato testado, foi preparado um controlo positivo (sem extrato de planta) e um branco (sem bactérias). Os microtubos inoculados foram fechados e mantidos a 37°C durante 24 h para todas as bactérias testadas, exceto para as estirpes de Aeromonas que foram incubadas a 30°C durante 24 h.

Em seguida, foram inseridos 40 LII. de cloreto de trifenil-2,3,5-tetrazólio (vermelho de tetrazólio) de concentração 0,2 g/mL. Em seguida, os microtubos foram novamente incubados a 37°C durante 30 minutos (para as estirpes de Aeromonas, a incubação foi efectuada a 30°C). Podem ser obtidas quatro sugestões:

- Solução límpida sem coloração cor-de-rosa: As bactérias não se conseguiram multiplicar e morreram,

- Solução límpida com coloração cor-de-rosa: as bactérias não se conseguiram multiplicar mas estão vivas,

■ Solução turva sem coloração cor-de-rosa: As bactérias podiam ter-se multiplicado mas morreram,

■ Solução turva com coloração cor-de-rosa: As bactérias podem ter-se multiplicado e estão vivas.

3. RESULTADOS E DISCUSSÃO

3.1. Análise do extrato etanólico de *Taxus baccata* (L.) por (HPLC-UV)

Os perfis cromatográficos do extrato etanólico de *Taxus baccata* (I.) analisados são apresentados na figura 1, enquanto os resultados das análises são apresentados no quadro 2.

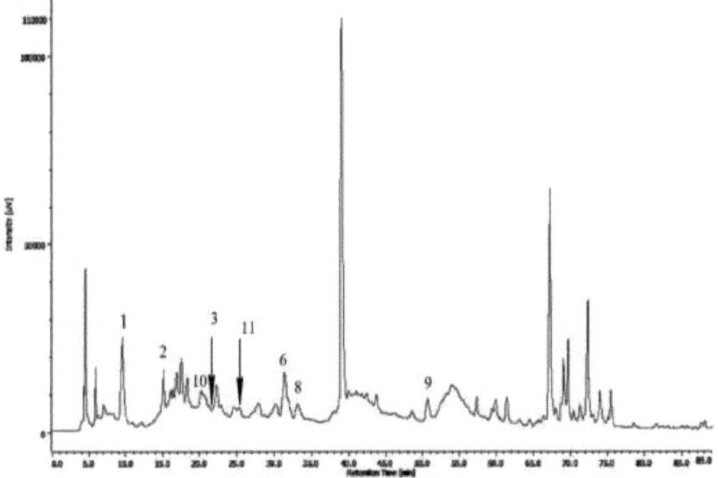

Figura 1: Cromatografia do extrato de *Taxus baccata* (I.) 1: Ácido gálico; 2: Ácido hidroxibenzóico; 3: Ácido cafeico; 6: Ácido acetilsalicílico; 8: Rutina; 9: Quercetina; 10: Cafeína; 11: Vanilina

A análise do espetro do extrato de *Taxus baccata* (I.) com os dos diferentes padrões permitiu suspeitar da presença de 8 compostos fenólicos (quadro 2).

Quadro 2: Teor de polifenóis de *Taxus baccata* (L.) por HPLC-UV

	Compostos fenólicos	RT (min)	*Taxus baccata* (L.) (iig/mg)	
1	Gallicacid	8.992	5.45	
2	Ácido hidroxibenzóico	14.8	3.34	
3	Ácido cafeico	20.625	0.267	
4	Vanilicacida	19.467	-	
5	P-cumaricacida	26.458	-	
6	Acëtylsalicylicacide	30.7	18.8	
7	Ácido salicílico	34.858	-	
8	Rutina	31.975	3.98	
9	Quercëtin	49.383		4.8
10	Cafëine	20.233	1	
11	Vanilina	25.442		0.258

As análises revelaram a existência de ácido gálico (5,45 Lig/mg), ácido hidroxibenzóico (3,34 Lig/mg), ácido cafeico ácido (0,267 Lig/mg), ácido acetilsalicílico (18,8 Lig/mg), rutina (3,98gg/mg),
quercetina (4,8 Lig/mg), cafeína (1 Lig/mg) e vanilina (0,258 Lig/mg), enquanto o ácido vanílico, o ácido P-cumárico e o ácido salicílico não foram detectados. Estudos efectuados sobre a composição química de *Taxus* canadensis por LC/MSD identificaram seis compostos como o ácido p-hidroxibenzóico (1), putraflavona (2), sequoiavona (3), 7, 13-dideacetil-9, 10-debenzoiltaxchinina C (4), baccatina VI (5) e taxumairona A (6) (Park *et al.*, 2000).

3.2. Atividade antioxidante

3.2.1. O método DPPH

As medições da inibição da absorvância do radical DPPH causada pela presença de ácido ascórbico (como potente antioxidante natural) ou pela presença de *Taxus baccata* (L.) permitiram traçar as curvas apresentadas na Figura 2. A tabela 3 agrupa os valores dos índices IC50 para o ácido ascórbico e o extrato estudado.

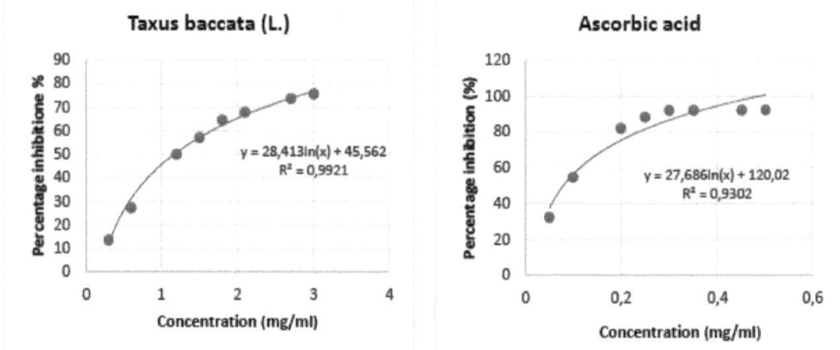

Figura 2: Percentagem de inibição do ácido ascórbico e *Taxus baccata* (L.)

Os valores das concentrações inibitórias IC50 obtidos (Tabela 3) permitem classificar a capacidade de eliminação do radical DPPH* do extrato testado em relação ao ácido ascórbico. Verificamos que o extrato de *Taxus baccata* (L.) apresenta uma atividade antioxidante significativa (IC50: 1,17 mg/mL).

O poder antioxidante é inversamente proporcional ao valor da concentração inibitória IC50. O ácido ascórbico, com uma concentração inibitória IC50 (0,08 mg/mL), tem então a maior atividade antirradicalar em comparação com o *Taxus baccata* (L.).

Quadro 3: Valores IC50 de *Taxus baccata* (L.) e ácido ascórbico

	IC50 (mg/mL)
Taxus baccata (L.)	1,17
Ascorbic acid	0,08

IC50 (mg/mL)

Taxus baccata (L.)   1,17

Ácido ascórbico 0,08

A atividade antioxidante do *Taxus baccata* (L.) foi estudada em vários trabalhos, os resultados obtidos mostram que têm um potencial antioxidante significativo e podem substituir os antioxidantes sintéticos.

Os extractos de *Taxus baccata* (L.) (metanol, acetona e aquoso) foram testados quanto à sua capacidade de eliminar radicais livres no teste DPPH. Observaram que todos os extractos têm uma forte capacidade. Em particular, o extrato metanólico da folha apresentou a maior atividade de eliminação de DPPH (78,40%) a 100 pg/mL (Prakash *et al.*, 2018).

Foi efectuado um estudo sobre a atividade antioxidante de extractos metanólicos (80%) de 26 plantas medicinais do noroeste dos Himalaias. Os resultados mostraram que a eficiência de eliminação medida pelo teste de eliminação do radical DPPH variou de 0,18 a 7,69 e a média foi de 0,56. A maior eficiência de eliminação de radicais livres foi encontrada em *Taxus baccata* (L.) (IC50 = 0,18mg/mL) (Guleria *et al.*, 2013).

Não existe uma grande diferença entre o IC50 encontrado experimentalmente e o encontrado na literatura, o que pode ser explicado pelo local de amostragem, o método de extração, o solvente e o período de colheita.

3.2.2. Método de voltametria cíclica

A fim de exprimir a capacidade antioxidante de *Taxus bacccata* (L.) em termos de capacidade antioxidante equivalente à do ácido ascórbico. A curva de calibração foi desenhada e apresentada em suplemento.

Sob as mesmas condições anteriores (pH=7 e V=500 mV/s) aplicadas ao ácido ascórbico, foi tratado o extrato da nossa planta. O voltamograma cíclico obtido é apresentado na Figura 3.

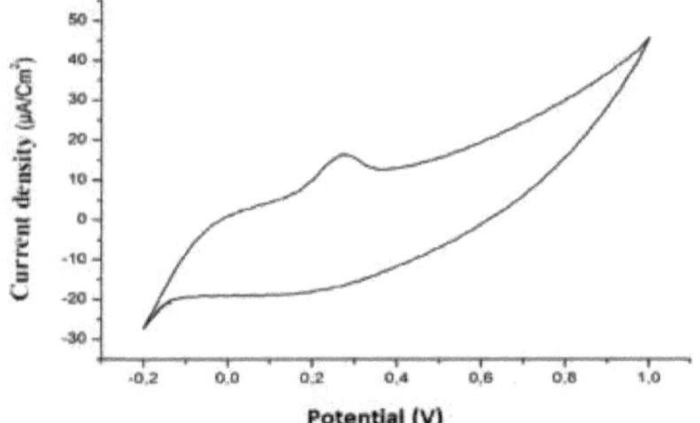

Figura 3: Voltamogramas cíclicos de *Taxus baccata* (L.)

A atividade antioxidante total (AAT) é expressa em (mg/g), este parâmetro é utilizado para apresentar os resultados. Define a concentração de compostos fenólicos contidos em mg em 1g de extrato seco equivalente a um padrão (ácido ascórbico). A tabela 4 representa os valores de *AAT* de *Taxus baccata* (L.).

Quadro 4: Atividade antioxidante total do extrato de *Taxus baccata* (L.)

	Taxus baccata (L.)
TAA (mg Eq AAs/g)	197.45

Taxus baccata (L.)
TAA (mg Eq AAs/g)197,45

Os resultados obtidos mostram que o extrato de *Taxus baccata* (L.) se comporta como um redutor (um único pico "anódico" de ida e ausência de pico "catódico" de retorno) e que a oxidação deste extrato nestas condições é totalmente irreversível. Verifica-se claramente que os extratos etanólicos de *Taxus baccata* (L.) têm uma atividade antioxidante significativa. A explicação que pode ser dada neste caso é que o extrato de *Taxus baccata* (L.) contém moléculas com as concentrações mais elevadas de polifenóis e flavonóides.

A análise da capacidade antioxidante de Origanum majorana e Origanum vulgare foi feita a partir de experiências electroquímicas (voltametria cíclica), os resultados obtidos mostraram que o extrato de O. majorana tem maior capacidade antioxidante (292,97 mg/g) do que o de O. vulgare (163,64 mg/g) (Benchikha *et al.*, 2014).

Foi estudado o TAA de Limoniastrumfeei por método eletroquímico, os resultados mostraram um pico de oxidação irreversível a cerca de 300-320 mV/(Ag/AgCl) e a sua capacidade equivalente de 112,4 ± 1,97 pg por 1 mg expressa como equivalente de ácido ascórbico (Keffous *et al.*, 2016).

3.3. Atividade antibacteriana de *Taxus baccata* (L.)

A atividade antimicrobiana do extrato das folhas de *Taxus baccata* (L.) foi avaliada contra estirpes Gram positivas (L. monocytogenes 13932, L. monocytogenes 7644, S. aureus 6538, S. aureus 25923) e Gram negativas. (S. enteritidis 13076, S. serovar 14028, E. coli 8739, E. coli 35218, P. aeruginosa 27853, V. parahaemolyticus 17802, Y. enterocolitica 23715, Y. enterocolitica 9610, A. hydrophila 7966, A. hydrophila 35654) (Figura 8). Os resultados obtidos para a atividade antibacteriana estão agrupados nas Tabelas 5 e 6.

Quadro 5: Atividade antibacteriana do extrato de *Taxus baccata* (L.) contra estirpes Gram-positivas

Bactérias combinações Gram positivas	*Taxus baccata* (L.)		
	CIM (mg/mL)	MBC (mg/mL)	MBC/MIC
L. monocytogenes 13932	0.01	0.01	1
L. monocytogenes 7644	0.01	0.01	1
S. aureus 6538	0.01	0.05	5
S. aureus 25923	0.01	0.05	5

Quadro 6: Atividade antibacteriana do extrato de *Taxus baccata* (L.) contra estirpes Gram-negativas

Bactérias combinações Gram negativas	*Taxus baccata* (L.)		
	CIM (mg/mL)	MBC (mg/mL)	MBC/CIMI
S. enteritidis 13076	0.01	0.1	10
S. serovar 14028	0.05	0.1	2
E. coli 8739	0.05	0.05	1
E. coli 35218	0.05	0.05	1
P. aeruginosa 27853	0.5	1	2
V. parahaemolyticus 17802	0.5	1	2
Y. enterocolitica 23715	0.01	0.01	1
Y. enterocolitica 9610	0. 010. 011		
A. hydrophila 79660	. 10. 55		
A. *hydrophila* 35654 0.1 0.5 5			

Os resultados apresentados nos quadros 5 e 6 mostram claramente que todas as estirpes testadas são sensíveis ao extrato, as concentrações inibitórias mínimas obtidas variam em função da bactéria tratada. São de cerca de 0,01 mg/mL para as estirpes bacterianas gram-positivas e entre 0,01 e 0,5 mg/mL para as estirpes bacterianas gram-negativas. Além disso, estas bactérias foram mortas em concentrações que variam entre 0,01 e 0,05 mg/mL para as bactérias gram-positivas e entre 0,01 e 1 mg/mL para as gram-negativas.

No que diz respeito ao rácio de atividade MBC/MIC, o extrato de *Taxus baccata* (L.) testado mostra um efeito bactericida contra todas as estirpes bacterianas, exceto para as estirpes de S. aureus, Y. enterocolitica e A. hydrophila que têm um efeito bacteriostático.

Os investigadores trabalharam com extractos etanólicos de várias plantas, incluindo *Taxus baccata* (L.). Mostraram que *Taxus baccata* (L.) era a planta com a melhor eficácia na inibição de Candida albicans, Bacillus cereus e Pseudomonas aeruginosa (Fazeli-Nasab *et al.*, 2021).

Outro estudo que foi realizado por (Zazharskyi *et al.*, 2019) em 50 espécies de plantas (sementes, erva, rebentos, folhas, frutos compostos, casca). Este estudo analisou a eficácia destas plantas em seis bactérias e um fungo. *Taxus baccata* (L.) mostrou sensibilidade contra cepas de E. coli, C. xerosis, C. albicans com uma ampla zona de inibição variando entre 1,3 e 3,1 mm.

Foi efectuado um estudo sobre a avaliação da atividade antimicrobiana do cerne de *Taxus baccata* (L.). Esta atividade foi testada contra oito bactérias. O *Taxus baccata* (L.) mostrou uma atividade significativa a uma concentração de 2 mg/mL contra certas bactérias em comparação com a ampicilina e a tobramicina, determinando as suas zonas de inibição em 7, 5,5 e 8,5 mm, respetivamente, enquanto não mostrou qualquer atividade contra as bactérias Gram-positivas testadas (Kucukboyaci e Sener, 2010).

CONCLUSÃO

Os resultados da análise qualitativa e quantitativa de *Taxus baccata* (L.) por HPLC-UV permitiram identificar dez compostos fenólicos. O ácido salicílico (18,8 |ig/mL), o ácido gálico (5,45 |ig/mL), a quercitina (4,8 |ig/mL), a rutina (3,98 |ig/mL), o ácido hidroxibenzóico (3,34 |ig/mL), a cafeína (1 |ig/mL), o ácido cafeico (0,267 |ig/mL) e a vanilina (0,258 |ig/mL). A atividade antioxidante revelou que o extrato de *Taxus baccata* (L.) pode ser utilizado como antioxidante e nos campos: agroalimentar e farmaco-médico. A atividade antimicrobiana do *Taxus baccata* (L.) provou ser rica em flavonóides e lignanos, sugerindo a sua utilização como antibiótico ou como alternativa às moléculas sintéticas.

REFERÊNCIAS

F. Ruiz-Teran, A. Medrano-Martinez, e A. Navarro-Ocana, "Antioxidant and free radical scavenging activities of plant extracts used in traditional medicine in Mexico," *African J. Biotechnol.*, vol. 7, no. 12, pp. 1886-1893, 2008.

A. Fioccardi, D. Donno, Z. R. Razafindrakoto, G. Gamba, e G. L. Beccaro, "Primeiro estudo fitoquímico de seis espécies de árvores e arbustos com elevado potencial de promoção da saúde de Madagáscar: utilizações inovadoras para aplicações alimentares e medicinais," *Sci. Hortic. (Amesterdão)*, vol. 299, p. 111010, 2022, doi: https://doi.org/10.1016/j.scienta.2022.111010.

N. Chaachouay, O. Benkhnigue, e L. Zidane, "Estudo etnobotânico e etnomedicinal de plantas medicinais e aromáticas utilizadas contra doenças dermatológicas pela população do Rif, Marrocos," *J. Herb. Med.*, vol. 32, no. novembro de 2019, p. 100542, 2022, doi: 10.1016/j.hermed.2022.100542.

P. Zubay, K. Ruttner, M. Ladanyi, J. Deli, E. N. Zamborine, e K. Szabo, "Industrial Crops & Products In the shade - Screening of medicinal and aromatic plants for temperate zone agroforestry cultivation," *Ind. Crop. Prod.*, vol. 170, p. 113764, 2021, doi: 10.1016/j.indcrop.2021.113764.

H. Ivanz *et al.*, "Recommended Medicinal Plants as Source of Natural Products : Uma revisão", *Digit. Chinese Med.*, vol. 1, no. 2, pp. 131-142, 2018, doi: 10.1016/S2589-3777(19)30018-7.

B. Abubakar *et al.*, "Traditional medicinal plants used for treating emerging and re-emerging viral diseases in northern Nigeria," *Eur. J. Integr. Med.*, vol. 49, p. 102094, 2022, doi: https://doi.org/10.1016/j.eujim.2021.102094.

A. G. Atanasov *et al.*, "Natural products in drug discovery: advances and opportunities," *Nat. Rev. Drug Discov.*, vol. 20, no. 3, pp. 200-216, 2021, doi: 10.1038/s41573-020-00114-z.

T. G. Nithya, D. Sumalatha, M. G. Ragunathan e J. Jayanthi, "Atividade imunomoduladora de Salvinia molesta DS Mitchell no caranguejo de água doce Oziotelphusa senex senex bacteriologicamente desafiado com Pseudomonas aeruginosa", Jul. 2018.

M. Assaf, A. Korkmaz, §. Karaman, e M. Kulak, "Effect of plant growth regulators and salt stress on secondary metabolite composition in Lamiaceae species," *South African J. Bot.*, vol. 144, pp. 480-493, 2022, doi: https://doi.org/10.1016/j.sajb.2021.10.030.

P. Asumang *et al.*, "Actividades antimicrobianas, antioxidantes e de cicatrização de feridas do extrato de folha de metanol de Bridelia micrantha (Hochst.) Baill.", *Sci. African*, vol. 14, p. e00980, 2021, doi: https://doi.org/10.1016/j.sciaf.2021.e00980.

W. A. Negm, K. A. Abo El-Seoud, A. Kabbash, A. A. Kassab, e M. El-Aasr, "Actividades hepatoprotectora, citotóxica, antimicrobiana e antioxidante das folhas de Dioon spinulosum Dyer Ex Eichler e dos seus metabolitos secundários isolados," *Nat. Prod. Res.*, 2022, doi: https://doi.org/10.1080/14786419.2020.1789636.

L. Ralte, U. Bhardwaj e Y. T. Singh, "As plantas Solanaceae comestíveis tradicionalmente usadas de Mizoram, Índia, têm alto potencial antioxidante e antimicrobiano para formulações fitofarmacêuticas e nutracêuticas eficazes", *Heliyon*, vol. 7, no. 9, p. e07907, 2021, doi: https://doi.org/10.1016/j.heliyon.2021.e07907.

S. Chevion, M. A. Roberts, e M. Chevion, "The use of cyclic voltammetry for the evaluation of antioxidant capacity.", *Free Radic. Biol. Med.,* vol. 28, no. 6, pp. 860-870, Mar. 2000, doi: 10.1016/s0891-5849(00)00178-7.

D. Huang, B. Ou, e R. L. Prior, "A química por detrás dos ensaios de capacidade antioxidante", *J. Agric. Food Chem.*, vol. 53, no. 6, pp. 1841-1856, Mar. 2005, doi: 10.1021/jf030723c.

I. Gorniak, R. Bartoszewski e J. Kroliczewski, "Revisão abrangente das actividades antimicrobianas dos flavonóides vegetais", *Phytochem. Rev.*, vol. 18, no. 1, pp. 241-272, 2019, doi: 10.1007/s11101-018-9591-z.

M. Tabaszewska *et al.*, "Red arils of *Taxus baccata* (L.)-a new source of valuable fatty acids and nutrients," *Molecules*, vol. 26, no. 3, pp. 1-17, 2021, doi: 10.3390/molecules26030723.

A. Sharma, A. Sharma, S. Thakur, V. Mutreja, e G. Bhardwaj, "Uma breve revisão sobre fitoquímica e farmacologia de *Taxus baccata* (L.)," 2021, doi: 10.1016/j.matpr.2021.09.468.

B. M. Lange e C. F. Conner, "Taxanes and taxoids of the genus *Taxus* - A comprehensive inventory of chemical diversity," *Phytochemistry*, vol. 190, p. 112829, 2021, doi: https://doi.org/10.1016/j.phytochem.2021.112829.

F. Maroso *et al.*, "Genetic diversity and structure of *Taxus baccata* (L.) from the Cantabrian-Atlantic area in northern Spain: A guide for conservation and management actions," *For. Ecol. Manage.*, vol. 482, p. 118844, 2021, doi: https://doi.org/10.1016/j.foreco.2020.118844.

N. Kucukboyaci, I. Orhan, B. §ener, S. A. Nawaz, e M. I. Choudhary, "Assessment of Enzyme Inhibitory and Antioxidant Activities of Lignans from *Taxus baccata* (L.)," *Zeitschrift fur Naturforsch. C,* vol. 65, no. 3-4, pp. 187-194, 2010, doi: doi:10.1515/znc-2010-3-404.

N. Erdemoglu, B. Sener, e M. I. Choudhary, "Bioactivity of Lignans from *Taxus baccata* (L.).", *Z. Naturforsch. C.*, vol. 59, no. 7-8, pp. 494-498, 2004, doi: 10.1515/znc-2004-7-807.

A. Hamedi, M. Bayat, Y. Asemani e Z. Amirghofran, "A review of potential anti-cancer properties of some selected medicinal plants grown in Iran," *J. Herb. Med.*, vol. 33, p. 100557, 2022, doi: https://doi.org/10.1016/j.hermed.2022.100557.

D.-C. Hao, "Capítulo 4 - Drug metabolism and pharmacokinetic diversity of *Taxus* medicinal compounds", D.-C. B. T.-T. e C. Hao, Ed. Academic Press, 2021, pp. 123-189.

T. Pullaiah, S. Karuppusamy, e M. K. Swamy, "7 - Propagação de plantas biossintetizadoras de paclitaxel," M. K. Swamy, T. Pullaiah, e Z.-S. B. T.-P. Chen, Eds. Academic Press, 2022, pp. 171-202.

M. W. Saif, "U . S . Food and Drug Administration aprova partículas ligadas à proteína paclitaxel (Abraxane ®) em combinação com gemcitabina como tratamento de primeira linha de pacientes com cancro metastático", *PANCREAS NEWS*, vol. 14 (6), no. janeiro, pp. 686-688, 2013, doi: 10.6092/1590-8577/2028.

E. Kupeli, N. Erdemoglu, E. Ye§ilada, e B. §ener, "Anti-inflammatory and antinociceptive activity of taxoids and lignans from the heartwood of *Taxus baccata* (L.)," *J. Ethnopharmacol.*, vol. 89, no. 2, pp. 265-270, 2003, doi: https://doi.org/10.1016/j.jep.2003.09.005.

B. Benzidia *et al.*, "Chemical composition and antioxidant activity of tannins extract from green rind of Aloe vera (L.) Burm. F.", *J. King Saud Univ. - Sci.*, vol. 31, no. 4, pp. 11751181, 2019, doi: 10.1016/j.jksus.2018.05.022.

N. Benchikha, M. Menaceur, Z. Barhi, E. Oued, P. O. Box, e E. Oued, "Innovare Academic Sciences AVALIAÇÃO IN VITRO DA CAPACIDADE ANTIOXIDANTE DA PLANTA DE ORIGÂNIO DA ÁLGICA ATRAVÉS DE ANÁLISES ESPECTROFOTOMÉTRICAS E ELETROQUÍMICAS," pp. 62-65, 2014.

A. Rebiai e T. Lanez, "Avaliação in vitro da Capacidade Antioxidante da Própolis Argelina por Ensaios Espectrofotométricos e Electroquímicos", no. maio, 2014.

S. Bouhdid, J. Abrini, a Zhiri, M. J. Espuny, e a Manresa, "Investigação de alterações funcionais e morfológicas em células de Pseudomonas aeruginosa e Staphylococcus aureus induzidas pelo óleo essencial de Origanum compactum", *J. Appl. Microbiol,* vol. 106, no. 5, pp. 1558-68, maio de 2009, doi: 10.1111/j.1365-2672.2008.04124.x.

Y. K. Park, K. H. Row e S. T. Chung, "Características de adsorção e separação do taxol do teixo por NP-HPLC," *Sep. Purif. Technol.*, vol. 19, no. 1-2, pp. 27-37, Jun. 2000, doi: 10.1016/S1383-5866(99)00075-1.

V. Prakash, S. Rana, e A. Sagar, "Análise da atividade antibacteriana e antioxidante de *Taxus baccata* (L.) .", vol. 6, no. 5, pp. 40-44, 2018.

S. Guleria, A. K. Tiku, G. Singh, A. Koul, S. Gupta, e S. Rana, "Atividade antioxidante in vitro e conteúdo fenólico em extractos de metanol de plantas medicinais," *J. Plant Biochem. Biotechnol.*, vol. 22, no. 1, pp. 9-15, 2013, doi: 10.1007/s13562-012-0105-6.

F. Keffous, N. Belboukhari, K. Sekkoum, H. Djeradi, A. Cheriti e H. Y. Aboul-Enein, "Determinação da atividade antioxidante do extrato aquoso de Limoniastrum feei por métodos químicos e electroquímicos", *Cogent Chem*, vol. 2, n.º 1, p. 1186141, 2016, doi: 10.1080/23312009.2016.1186141.

B. Fazeli-Nasab, A. F. Rahmani, M. Valizadeh, H. Khajeh e M. Beigomi, "Avaliação da atividade antimicrobiana de algumas plantas medicinais em bactérias padrão humanas e Candida albicans", *Gene, Cell Tissue*, vol. 8, no. 3, p. e113092, 2021, doi: 10.5812/gct.113092.

V. V. Zazharskyi, P. Davydenko, O. Kulishenko, I. V. Borovik, e V. V. Brygadyrenko, "Antimicrobial activity of 50 plant extracts," *Biosyst. Divers*, vol. 27, no. 2, pp. 163-169,

2019, doi: 10.15421/011922.

N. Kucukboyaci and B. Sener, "Biological activities of lignans from *Taxus baccata* (L.). growing in Turkey," vol. 4, no. 12, pp. 1136-1140, 2010.

CAPITULO 6

COMPOSIÇÃO DO ÓLEO ESSENCIAL DAS FOLHAS DE *ARTEMISIA HERBA ALBA* ASSO (ASTERACEAE) E SUA ACTIVIDADE INSECTICIDA SOBRE *CALLOSOBRUCHUS MACULATUS FABRICIUS* (COLEOPTERA: BRUCHIDAE)

RESUMO

A fim de desenvolver uma estratégia para a gestão segura de pragas de insectos em produtos agrícolas armazenados, o óleo essencial de *Artemisia herba alba* Asso. foi testado contra *Callosobruchus maculatus Fabricius* criado em sementes de *Cicer arietinum* (L.) a 20-30°C e 65±5% de humidade relativa em condições de armazenamento. As sementes de grão-de-bico foram fumigadas com concentrações de óleo essencial e depois infestadas por jovens adultos de bruquídeos. Em cada lote tratado ou de controlo, foram libertados 10 pares recém-emergidos. Contou-se o número de bruquídeos mortos e o número de ovos eclodidos e não eclodidos das sementes. No final do seu desenvolvimento, os adultos emergidos das sementes tratadas e não tratadas foram contados separadamente por sexo e a taxa de sucesso foi calculada. Foram efectuadas três réplicas para cada tratamento.

O óleo essencial extraído de *Artemisia herba alba Asso* foi analisado por cromatografia gasosa acoplada a espetrometria de massa (GC/MS). O cromatograma do óleo essencial de *Artemisia herba alba* Asso mostra 15 sinais relativos aos 15 compostos dos quais a cânfora é o constituinte maioritário com uma percentagem de 96,15%. Os resultados dos testes biológicos obtidos mostraram que o óleo essencial de *Artemisia herba alba* Asso exerce efeitos repelentes e tóxicos sobre *Callosobruchus maculatus*. Provoca uma elevada mortalidade dos adultos e afecta a sua fertilidade, fecundidade e taxa de sucesso de uma forma muito significativa em comparação com os controlos. Isto mostra que a fumigação de produtos armazenados com o óleo essencial de *Artemisia herba alba Asso* contra pragas de insectos pode ser considerada em condições de armazenamento sem risco para os consumidores e o ambiente.

Palavras-chave: Óleos essenciais, GC/MS, *Artemisia herba alba* Asso, *Callosobruchus maculatus*, *Cicer arietinum*, Bioensaio

1. INTRODUÇÃO

As sementes de leguminosas são a principal fonte de proteínas em muitos países em desenvolvimento, mas infelizmente sofrem perdas consideráveis durante o armazenamento (Perez Mendoza *et al.*, 2004).

Entre a colheita e o consumo, mais de 30% da produção perde-se, sendo esta proporção mais elevada na região do Sahel devido ao longo período de armazenamento. Durante o armazenamento, os cogumelos, os besouros roedores (Bruchidae e Curculionaides) atacam as sementes causando perdas consideráveis (Delobel e Maurice, 1993).

O Callosobruchus maculatus Fabricius é uma das pragas que infestam e destroem os cereais armazenados. Devido à sua elevada incidência, têm sido utilizados insecticidas sintéticos para o controlar, mas os potenciais danos para a saúde humana e o ambiente causados por estes insecticidas são agora considerados um problema real. O brometo de metilo e a fosfina são tóxicos para um vasto espetro de insectos nocivos e têm sido vulgarmente utilizados para controlar os escaravelhos prejudiciais aos produtos armazenados (Mueller, 1990). Embora estes fumigantes sejam eficazes e económicos, provocaram efeitos secundários inesperados, como a destruição da camada de ozono, a poluição ambiental, a resistência das pragas e danos no organismo (Jembere *et al.*, 1995; Okonkwo e Okoye, 1996).

Os problemas de resistência e nocividade dos insecticidas sintéticos levaram à necessidade de encontrar alternativas mais eficazes e saudáveis. Assim, os óleos essenciais são os produtos mais testados atualmente (Perez *et al.*, 2010; Andrea *et al.*, 2011; Hany, 2012; Khani e Asghari, 2012; Sharifian *et al.*, 2012; Titouhi *et al.*, 2017; Sabbour, 2019). Estes insecticidas naturais, conhecidos como insecticidas vegetais, têm várias vantagens sobre os compostos sintéticos devido à sua rápida biodegradação e à redução dos riscos ambientais.

O objetivo deste trabalho é verificar e avaliar o efeito do óleo essencial extraído das folhas de *Artemisia herba alba* Asso sobre *Callosobruchus. maculatus* que se desenvolve à custa de várias espécies de leguminosas maduras e secas.

A Artemisia herba alba Asso é uma espécie da família das Asteraceae. Cresce em Marrocos, onde tem uma grande reputação na medicina tradicional devido aos seus benefícios para a saúde humana, mas em doses elevadas pode causar alguma intoxicação.

2. MATERIAIS E MÉTODOS

2.1. Instalação utilizada

Artemisia herba alba Asso foi colhida na região de Errachidia (31° 55' 55" norte, 4° 25' 28" oeste) de Marrocos em abril de 2018.

2.2. Secagem de material vegetal

Os órgãos colhidos são secos no laboratório durante sete dias. A matéria-prima é espalhada em camadas finas e virada frequentemente à temperatura ambiente de 25°C.

2.3. Extração do óleo essencial de Artemisia herba alba Asso

A extração do óleo essencial foi efectuada por hidrodestilação de 100g de matéria vegetal seca num volume de 1,5L de água destilada levada a 100°C num essenciador do tipo Clevenger (Clevenger, 1928). A destilação dura três horas após a recuperação da primeira gota de destilado. O óleo essencial é seco com sulfato de sódio anidro e armazenado a 4°C no escuro. O rendimento do óleo essencial é expresso em relação à matéria seca (em mL/100g de matéria seca).

2.4. Análise por cromatografia líquida à pressão atmosférica do óleo essencial de Artemisia herba alba Asso

O óleo essencial bruto de *Artemisia herba alba* Asso é cromatografado numa coluna de sílica-gel (60G) à pressão atmosférica. O eluente utilizado foi inicialmente o hexano e depois misturas cada vez mais polares (hexano/éter).

As fracções obtidas foram identificadas por cromatografia gasosa de ultra-sons GC, utilizando uma coluna do tipo VB5 (50% fenil, 95% metilpolissiloxano) acoplada ao espetro de massa do tipo Polaris (EI 70ev, 10-300Uma) nas seguintes condições

- Temperatura do forno: variação de 50°C para 250°C a uma taxa de 5°C/min e de 250°C para 300°C,
- Gás portador: hélio, com um caudal de 1 ml/min,
- Temperatura de injeção de 250°C.

A identificação dos vários constituintes baseou-se nos seus espectros de massa e índices de retenção na fase estacionária, comparados com os dos compostos padrão sintéticos da base de dados.

3. BIOASSAYS

O estudo biológico incide sobre um inseto praga de sementes de leguminosas armazenadas, *Callosobruchus. maculantus*. Trata-se de um escaravelho Bruchidae cujas larvas se desenvolvem à custa de grãos maduros e secos de leguminosas alimentares.

A criação de *Callosobruchus maculatus foi efectuada* em sementes de grão-de-bico (*Cicer arietinum*). As sementes utilizadas como suporte para o bioensaio foram compradas num supermercado e estiveram livres de infeção durante uma estadia prolongada no congelador, sem qualquer tratamento químico.

A estirpe de *Callosobruchus maculatus* utilizada nos bioensaios foi produzida a partir de insectos que emergiram de sementes de grão-de-bico de um armazém em Meknes, Marrocos.

A criação em massa é efectuada em placas de Petri onde são colocados vários pares de bruches, na presença de sementes sãs de grão-de-bico, durante 6 dias, em dessecadores contendo 66,3 ml de água destilada e 33,7 ml de ácido sulfúrico concentrado para obter uma humidade de cerca de 65% e limitar os ataques e o estabelecimento de ácaros na criação.

A criação é efectuada a uma temperatura de 20-30°C à luz do dia (julho-setembro de 2018).

Após a oviposição, os adultos mortos são retirados e as sementes contaminadas são mantidas nas mesmas condições até à emergência da descendência que foi utilizada para manter a estirpe. Os insectos da segunda geração foram utilizados durante 24 horas após a emergência para o bioensaio.

3.1. Impacto dos óleos essenciais das folhas de Artemisia herba alba Asso

Para cada ensaio, foram colocadas 50 sementes de grão-de-bico em placas de Petri, três réplicas para cada concentração e o controlo constituído por 50 sementes foi também repetido três vezes. Todas as caixas foram infestadas com 20 insectos (10 pares) com 24 horas de idade, adultos sexuados. Cada concentração foi vertida num vidro de relógio com uma pipeta Pasteur. Três caixas foram colocadas num exsicador com um volume de 4,6 L de ar e um copo contendo o óleo essencial correspondente. Este último foi colocado no centro do exsicador, depois o conjunto foi hermeticamente fechado e um controlo não tratado foi também hermeticamente fechado.

A concentração para cada um dos óleos essenciais de *Artemisia herba alba* Asso está resumida na tabela seguinte:

Quadro 1: Concentração do óleo essencial de *Artemisia herba alba* Asso utilizado no bioteste

Concentração (g/4,6L de ar) *Artemisia herba alba* Asso	
Testemunha de Jeová	0.00
Dn/2	0.31
Dn	0.62
D2n	1.24

- Dn: A concentração normal, que é a quantidade de óleo (em g) obtida por 100 g de matéria vegetal,
- Dn/2: Metade da concentração (Dn),
- D2n: Duplicar a concentração (Dn).

3.2. Impacto do óleo essencial das folhas de Artemisia herba alba Asso na mortalidade de adultos de Callosobruchus maculates

A contagem dos insectos mortos foi efectuada todos os dias durante um período de 10 dias, de 24 em 24 horas.

3.3. Impacto do óleo essencial das folhas de Artemisia herba alba Asso na fecundidade, fertilidade e taxa de emergência de Callosobruchus maculates

Após 10 dias de contagem dos insectos mortos, contámos os ovos eclodidos e não eclodidos com uma lupa binocular à primeira emergência, retirámos os adultos à medida que apareciam até pararem completamente.

3.4. Análise dos dados

Para a determinação da fertilidade dos adultos de *Callosobruchus maculatus*, a contagem dos ovos eclodidos e não eclodidos foi efectuada com uma lupa binocular após 15 dias de exposição e após a contagem dos insectos mortos.

$$\text{Fertility} = \frac{\text{Number of eggs hatched}}{\text{Number of eggs laid}} * 100$$

Fertilidade =

Número de ovos eclodidos

Número de ovos postos

A taxa de sucesso dos adultos de *Callosobruchus maculatus* é calculada como a percentagem de adultos que emergiram em relação ao número total de ovos postos.

$$\text{Success rate (\%)} = \frac{\text{Number of insects emerged}}{\text{Number of eggs laid}} * 100$$

Número de insectos emergidos

Taxa de sucesso (%) = Número de ovos laid

4. RESULTADOS E DEBATES

4.1. Rendimento de extração do óleo essencial de Artemisia herba alba Asso

Após a hidrodestilação de 100g de folhas de *Artimisia herba alba*, o óleo essencial é de cor amarela clara. O rendimento obtido após três repetições é de 0,62%.

4.2. Composição química do óleo essencial de Artemisia herba alba Asso

Após a hidrodestilação de 100g de folhas de *Artemisia herba alba* Asso, o óleo essencial obtido é analisado por GC/MS.

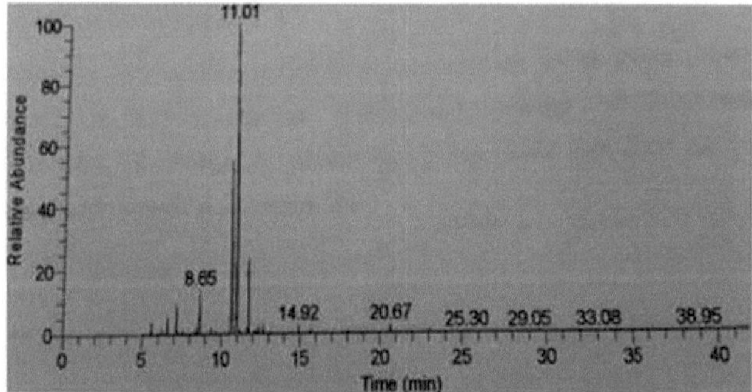

Figura 1: Cromatograma derivado de GC/MS do óleo essencial de *Artemisia herba alba* Asso

A análise do cromatograma mostrou que o óleo essencial de *Artemisia herba alba* Asso registou 15 picos (15 compostos) com uma abundância relativa elevada e cada pico tem o seu próprio espetro de massa m/z.

Para separar estes compostos, 2 g do óleo essencial de *Artemisia herba alba* Asso foram cromatografados em gel de sílica utilizando hexano como eluente e éter dietílico em diferentes percentagens. Foram isoladas 4 fracções F1, F2, F3 e F4 com proporções de 20,50%; 22,50%; 16,50% e 16,50% respetivamente.

As quatro fracções F1, F2, F3 e F4 do óleo essencial de *Artemisia herba alba* Asso foram analisadas por cromatografia gasosa acoplada a espetrometria de massa (GC/MS) (Quadro 2).

Tabela 2: Composição química das fracções obtidas por CPL em sílica gel do óleo essencial de *Artemisia herba alba* Asso

Compostos	F1	F2	F3	F4
Óxido de cariofileno	29.45	-	-	-
Ácido 10,12-Octadecadienóico	20.68	-	-	-
Trans-3,3-heptadien-2-ona	5.25	-	-	-
para-Cimeno-8-ol	5.24	-	-	-
1-Benziloximetil-1-hidroximetil-2,5- ciclo-hexadieno	-	18.78	-	-
Acetato de crisantel	-	16.82	-	-
Acetato de sabinilo	-	4.72	-	-
Acetato de M\тlёпуl	-	3.90	-	-
Biciclo [3,1,1] heptano-6,6-dimetil-3-metileno	-	3.82	-	-
1-Metileno-2b-hidroximetil-3,3-dimetil-4b-(3-metilbut-2-enil) ciclo-hexano	-	3.35	-	-
Cânfora	-	-	86.15	-
Bicyclo [3.1.1] heptan-endo-6-ol, syn-7-bromo	-	-	4.90	-
Álcool de santolina	-	-	-	22.56
cis-Sabinol	-	-	-	13.45
3-Ciclo-hexeno-1-ol, 4-metil-1-(1-metiletilo)	-	-	-	11.71
5-Metil-3(1-metilvinil)-1,4-hexadieno	-	-	-	8.53
Mirtenol	-	-	-	4.82
hidrato de cis-pineno	-	-	-	4.06
Fenol, 2-(1-metiletilo)	-	-	-	3.67
2-Ciclo-hexeno-1-ol,3-metil-6-(1-metiletilo)	-	-	-	3.11
hidrato de cis-sabineno	-	-	-	3.07

A análise dos cromatogramas das quatro fracções F1, F2, F3 e F4 mostrou que a

O óleo essencial de *Artemisia herba alba* Asso é constituído principalmente por cânfora (96,15%), óxido de cariofileno (29,45%), ácido 10,12-octadecadienóico (20,68%), acetato de crisantol (16,82%), álcool santolínico (22,56%) e outros constituintes com percentagens que variam entre 3,07% e 11,71%. Esta composição é caracterizada pelo elevado teor de cânfora, o óleo essencial estudado é bastante próximo do quimiotipo da cânfora. Foram efectuados trabalhos sobre 303 amostras provenientes de 91 estações do Atlas marroquino (Lamiri *et al.*, 1997a, b). Conseguiram identificar 16 quimiotipos, incluindo a-Thujole, в-Thujol e Cânfora, que são a maioria após um estudo de 303 amostras.

4.3. Efeito do óleo essencial de Artemisia herba alba Asso em Callosobruchus maculates

4.3.1. Efeito na longevidade

Exceto na concentração 0,31g/4,6L de ar, o óleo essencial de *Artemisia herba alba* Asso afecta de forma muito significativa a longevidade dos adultos de *Callosobruchus maculatus* (quadro 3). A longevidade dos insectos bruxos varia de 1 a 5. Para o controlo, este parâmetro varia de 1 a 10 dias. Verifica-se um efeito tóxico dependente da concentração e do sexo. No entanto, é de notar que existe uma grande variabilidade individual que vai de 23,71% a 63,05%. Em geral, dentro de cada lote, os machos vivem mais do que as fêmeas (Figuras 2 e 3).

Quadro 3: Longevidade em dias de *Callosobruchus maculatus* em sementes de grão-de-bico tratadas com diferentes concentrações dos óleos essenciais de *Artemisia herba alba* Asso

Concentração (g/4,6L de ar)	Género	Eficaz	Média ± Desvio padrão	Mínimo	Máximo	Coeficiente de variação
0.00	Homens	30	6.97±2.17	1	10	31.19
0.00	Femeles	30	7.63±1.81	1	10	23.71
0.31	Homens	30	4.50±2.37	1	10	52.77
0.31	Femeles	30	4.17±2.63	1	10	63.05
0.62	Homens	30	2.60±1.35	1	5	52.09
0.62	Femele s	30	1.50±0.86	1	5	57.40
1.24	Homens	30	1	1	1	0.00
1.24	Femeles	30	1	1	1	0.00

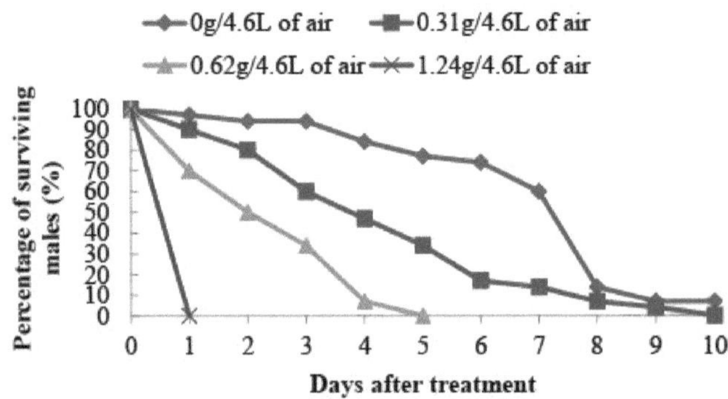

Figura 2: Curvas de sobrevivência de machos de *Callosobruchus maculatus* em contacto com sementes de grão-de-bico tratadas com diferentes concentrações de óleos essenciais de *Artemisia herba alba* Asso

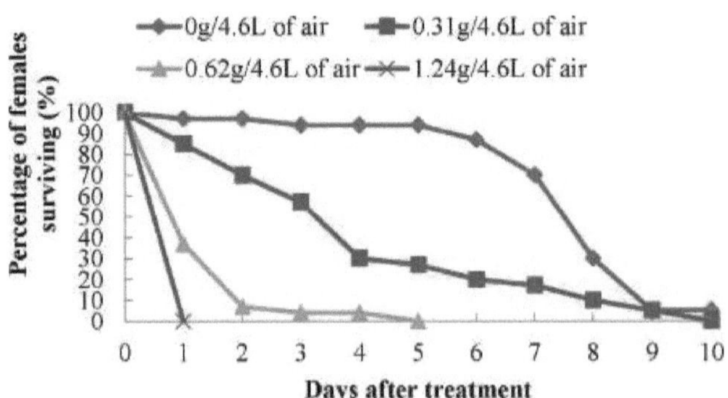

Figura 3: Curvas de sobrevivência das fêmeas de *Callosobruchus maculatus* em contacto com sementes de grão-de-bico tratadas com diferentes concentrações de óleos essenciais de

4.3.2. Efeitos na fecundidade

A fecundidade dos bruquídeos nas sementes de grão-de-bico fumigadas é fortemente afetada pelas diferentes concentrações de óleo essencial de *Artemisia herba alba* Asso, qualquer que seja a concentração considerada. Com efeito, o número médio de ovos postos varia de 27 a 116 ovos com o óleo essencial de *Artimisia herba alba* contra 402 a 579 no lote de controlo. A fecundidade dos bruquídeos é variável, com coeficientes de variação que vão de 16,52% a 55,03% (quadro 4).

Tabela 4: Fecundidade de *Callosobruchus maculatus* encontrada em sementes de grão-de-bico tratadas com diferentes concentrações de óleos essenciais de *Artemisia herba alba* Asso

Concentração (g/4,6L de ar)	Fecundidade/10 fêmeas ± Desvio padrão	Mínimo	Máximo	Coeficiente de variação (%)
0.00	491.00±88.50	402	579	18.03
0.31	84.00±46.23	31	116	55.03
0.62	42.67±14.19	30	58	33.26
1.24	33.33±5.51	27	37	16.52

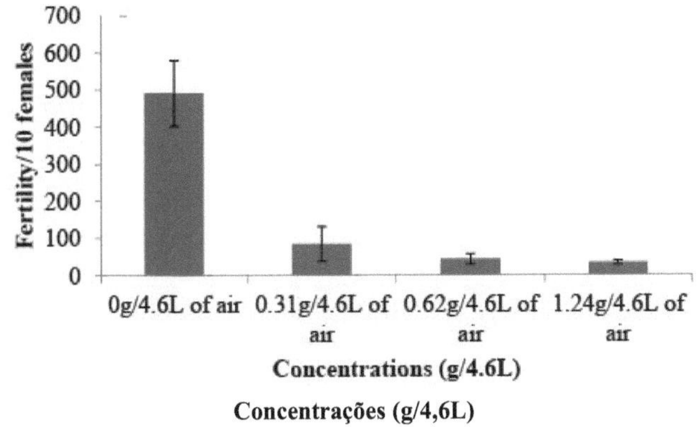

Figura 4: Fecundidade de *Callosobruchus maculatus* em sementes de grão-de-bico tratadas com
óleos essenciais
de *Artemisia herba alba* Asso

4.3.3. Efeito na fertilidade

O óleo essencial de *Artemisia herba alba* Asso afecta fortemente a fertilidade de *Callosobruchus maculatus* bruches. A uma concentração de 1,24g/4,6L, o óleo essencial de *Artemisia herba alba Asso* induz uma ausência total de ovos eclodidos. Neste ensaio, e à luz dos resultados apresentados, verificou-se que o óleo essencial de *Artemisia herba alba* Asso afecta fortemente o número de ovos que eclodem nas sementes fumigadas. A variabilidade individual é muito elevada e o coeficiente de variação varia de 5,42% a 14,08% (Tabela 5).

Quadro 5: Fertilidade de *Callosobruchus maculatus* encontrada em sementes de grão-de-bico tratadas com diferentes concentrações de óleos essenciais de *Artemisia herba alba* Asso

Concentração (g/4,6L de ar)	Fertilidade média ± Desvio padrão	Mínimo	Máximo	Coeficiente de variação (%)
0.00	77.75±6.28	70.64	82.52	8.08
0.31	77.83±10.96	69.83	90.32	14.08
0.62	94.37±5.12	90.00	100.00	5.42
1.24	0.00	0.00	0.00	0.00

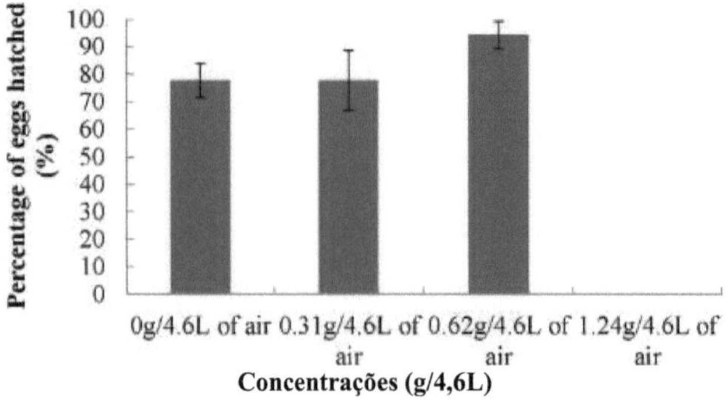

Figura 5: Fertilidade de *Callosobruchus maculatus* encontrada em sementes de grão-de-bico tratadas com
óleos essenciais de *Artemisia herba alba* Asso

4.3.4. Efeito na taxa de sucesso

Nas sementes de grão-de-bico fumigadas com o óleo essencial de *Artemisia herba alba* Asso, apenas a concentração elevada não permite a emergência de nenhum adulto do inseto, as outras concentrações não têm efeito detetável, as taxas de sucesso obtidas são comparáveis às das sementes de controlo. Além disso, no quadro 6, o número de sementes varia de 0 a 61 nos lotes tratados contra 314 a 415 no lote de controlo, com coeficientes de variação de 14,48% a 52,40% (quadro 6).

Quadro 6: Números de descendentes adultos de *Callosobruchus maculatus* provenientes de sementes de grão-de-bico tratadas com diferentes concentrações de óleos essenciais de *Artemisia herba alba* Asso

Concentração (g/4,6L de ar)	Média de efectivos ± Desvio padrão	Mínimo	Máximo	Coeficiente de variação (%)
0.00	376.33±54.50	314	415	14.48
0.31	45.33±23.76	18	61	52.40
0.62	32.33±6.81	27	40	21.05
1.24	0.00	0	0	0.00

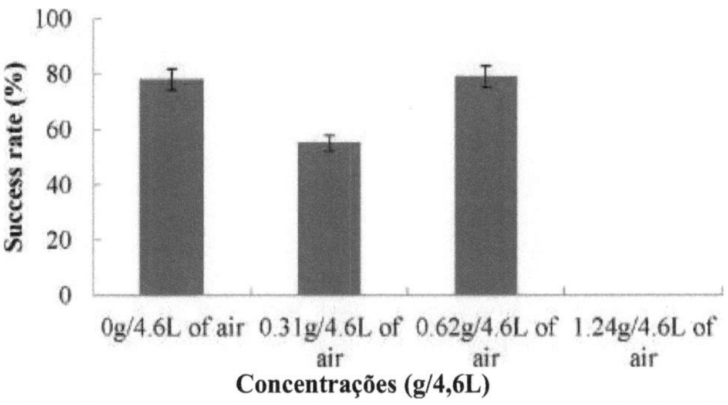

Figura 6: Taxa de sucesso de *Callosobruchus maculatus* em sementes de grão-de-bico tratadas com os óleos essenciais de *Artemisia herba alba* Asso

A taxa líquida de reprodução de *Callosobruchus maculatus* diminui à medida que a concentração aumenta nas sementes tratadas com o óleo essencial de *Artemisia herba alba* Asso (Quadro 7).

Tabela 7: Taxa líquida de reprodução (Ro) de *Callosobruchus maculatus* em sementes de grão-de-bico tratadas com diferentes concentrações de óleo essencial de *Artemisia herba alba* Asso

Concentração (g/4,6L de ar)	Taxa líquida de reprodução (Ro)
0.31	2.27
0.62	1.62
1.24	0.00

No nosso ensaio, o óleo essencial de *Artemisia herba alba* Asso afectou a longevidade, a fecundidade e a emergência de *Callosobruchus maculatus*. Os efeitos significativos dos óleos essenciais diferiram consoante a concentração e, por vezes, o sexo do *Callosobruchus maculatus* bruche.

Vários trabalhos comprovaram a ação dos óleos essenciais sobre todos estes parâmetros. Assim, Papachristos e Stamopoulos (2002) mostraram que o efeito do óleo essencial de *Mentha viridis* sobre a fertilidade, a fecundidade e a taxa de emergência de *Callosobruchus maculatus*. Outros verificaram que o óleo essencial de *Ocimum basilicum* não permitiu que *o Callosobruchus maculatus emergisse* de sementes fumigadas (Keita *et al.,* 2000). No entanto, Ketoha *et al.* (2005) afirmaram que o óleo essencial de *O. basilicum* não afectou a taxa de reprodução dos adultos da truta indiana (Ketoha *et al.,* 2005). Kellouche e Soltani (2004) também observaram efeitos negativos na taxa de sucesso de *Callosobruchus maculatus* desenvolvidos à custa de sementes de grão-de-bico tratadas com óleos essenciais extraídos de *Melaleuca quinquenervia,* ou *Ocimum gratissimum*. Além disso, Tripathi *et al.* (2000) verificaram que os óleos essenciais do género *Mentha,* que contêm óxido de piperitenona, têm efeitos tóxicos e repelentes sobre as cerdas de *Callosobruchus maculatus*.

Os mecanismos de ação dos óleos essenciais são mal conhecidos e foram realizados relativamente poucos estudos sobre este assunto (Isman, 2000). Trabalhos recentes mostram que os monoterpenos actuam ao nível dos receptores de acetilcolinesterase das junções neuromusculares (Ngamo e Hance, 2007). De facto, segundo os trabalhos de Obeng-Ofori *et al.* (1997), o 1,8-Cineol em contacto com os insectos actua bloqueando a síntese da hormona juvenil, inibe a acetilcolinesterase ocupando o sítio hidrofóbico desta enzima que é muito ativa. De um modo geral, os óleos essenciais são atualmente conhecidos como neurotoxinas (Ngamo e Hance, 2007).

CONCLUSÃO

Neste trabalho, foi demonstrada a eficácia e a composição química do óleo essencial de *Artemisia herba alba* Asso. A análise deste óleo essencial por cromatografia gasosa acoplada à espetrometria de massa (CG/EM) revelou a existência de hidrocarbonetos terpénicos, terpenos oxigenados, sesquiterpenos oxigenados, sesquiterpenos e um produto maioritário que é a cânfora com 96,15% dos constituintes globais.

L'huile essentielle *d'Artemisia herba alba* Asso obtenue par hydrodistillation testëe par fumigation a differences concentrations contre *Callosobruchus maculatus*, provoque la mortalite de 100% de la population des brunes etudiees a la concentration 1,24g/4,6L d'air en 24 heures. Também provoca uma redução muito importante do ponto de fertilidade, da taxa de reutilização e da taxa de reprodução dos peixes. Estes efeitos podem dever-se aos monoterpenos responsáveis pela toxicidade e pela inibição da reprodução em outros insectos.

O óleo essencial de *Artemisia herba alba* Asso, tem uma ação definitiva no controlo de *Callosobruchus maculatus*, revelou-se mais tóxico para o inseto estudado com uma taxa de mortalidade muito elevada. O óleo essencial já pode ser utilizado na fumigação de sementes de leguminosas contra *Callosobruchus maculatus*, a principal praga destes produtos durante o armazenamento.

REFERÊNCIAS

Perez Mendoza, J., Flinn, P.W., Campbell, J.F., Hagstrum, D.W. & Throne, J.E. (2004). Deteção de infestação por insectos de grãos armazenados em trigo transportado em vagões de tremonha. *Journal of Economic Entomology*, 97, 1474-1483. https://dx.doi.org/10.1603/0022-0493- 97.4.1474.

Delobel, A. & Maurice, T. (1993). Les Coteopteres des denrees alimentaires entreposëes dans les regions chaudes. Paris : ORSTOM, 425 p. (Faune Tropicale). ISBN 2-7099-1130-2. http://horizon.documentation.ird.fr/exl-doc/pleins_textes/divers11-10/39066.pdf.

Mueller, D.K. (1990). Fumigation, Handbook of Pest Control, Franzak and Foster Co., Cleveland, Ohio. pp: 901-939.

Jembere, B., Obeng-Ofori, D., Hassanali, A. & Nyamasyo, G.N.N. (1995). Produtos derivados das folhas de *Ocimum kilimanndscharicum* (Labiatae) como protectores de grãos pós-colheita contra a infestação de três grandes pragas de insectos de produtos armazenados. *Bulletin of entomological research*, 85, 361-367. https://dx.doi.org/10.1017/S0007485300036099.

Okonkwo, E.U. & Okoye, W.I. (1996). A eficácia de quatro pós de sementes e dos óleos essenciais como protectores de grãos de feijão-frade e de milho contra a infestação por *Callosobruchus maculatus Fabricius* (Coleoptera: Bruchidae) e Sitophilus zeamais (Motschulsky) (Coleoptera: Curculionidae) na Nigéria. *International Journal of Pest Management*, 42, 143146. https://dx.doi.org /10.1080/09670879609371985.

Përez, S.G., Ramos-Lopez, M.A., Zavala-Sanchez, M.A. & Cardenas-Ortega, N.C. (2010). Atividade de óleos essenciais como alternativa bioracional para o controle de insetos coleópteros em grãos armazenados. *Journal of Medicinal PlantsResearch*, 4(25),2827-2835.

file:///C:/Users/MedSim/Downloads/Prezetal2010JMPR.pdf.

Andrea, R.F., Neiva, K. & Lidia, M.F. (2011). Efeitos tóxicos de óleos essenciais de plantas em adultos de *Sitophilus oryzae* (Linnaeus) (Coleoptera, Curculionidae). *Revista Brasileira de Entomologia*, 55(1), 116-120. https://dx.doi.org /10.1590/S0085-56262011000100018.

Hany, K.A. (2012). Atividade inseticida e composição química do óleo essencial de *Artemisia judaica* L. contra *Callosobruchus maculatus* (L.) (Coleoptera: Bruchidae). *Journal of Plant Protection Research*, 52(3), 347-352. https://dx.doi.org/10.2478/v10045-012-0057-9

Khani, A. & Asghari, J. (2012). Atividade inseticida dos óleos essenciais de *Mentha longifolia*, *Pulicaria gnaphalodes* e *Achillea wilhelmsii* contra duas pragas de produtos armazenados, o escaravelho da farinha, *Tribolium castaneum*, e o gorgulho do feijão-frade, *Callosobruchus maculatus*. *Journal of Insect Science*, 12:73. https://dx.doi.org/10.1673/031.012.7301.

Sharifian, I., Hashemi, S.M., Aghaei, M. & Alizadeh, M. (2012). Atividade inseticida do óleo essencial de *Artemisia herba-alba* Asso contra três besouros de produtos armazenados. *Biharean Biologist*, 6 (2), 90-93. https://www.cabdirect.org/cabdirect/abstract/20133079459.

Titouhi, F., Amri, M., Messaoud, C., Haouel, S., Youssfi, S., Cherif, A. & Ben Jemaa, J.M. (2017). Efeitos protetores de três óleos essenciais *de Artemisia* contra *Callosobruchus maculatus* e *Bruchus rufimanus* (Coleoptera: Chrysomelidae) e os efeitos colaterais estendidos em seus inimigos. *Journal of Stored Products Research*,72,   11-20. https://dx.doi.org/10.1016/j.jspr.2017.02.007.

Sabbour, M.M.A. (2019). Eficácia dos óleos naturais contra a atividade biológica em *Callosobruchus maculatus* e *Callosobruchus chinensis* (Coleoptera: Tenebrionidae). *Boletim Sabbour do Centro Nacional de Investigação*, 43:206. https://dx.doi.org/10.1186/s42269-019-0252-1.

Clevenger, J.F. (1928). Aparelho para a determinação de óleos voláteis. *Journal of the American Pharmaceutical Association*,   17   (4),   346-351. https://dx.doi.org/10.1002/jps.3080170407.

Lamiri, A., Belanger, A., Berrada, M., Ismaili-Alaoui, M.M. & Benjilali, B. (1997a). Origem do polimorfismo químico da *Artemisia herba alba* Asso de Marrocos (em francês). Rabat, Marrocos, pp 81-92.

Lamiri, A., Belanger, A., Berrada, M., Zrira, S. & Benjilali, B. (1997b). Chemical polymorphism of *Artemisia herba alba* Asso fro Morocco (em francês). Rabat, Marrocos, pp 81-92.

Papachristos, D.P. & Stamopoulos, D.C. (2002). Efeitos repelentes, tóxicos e inibidores da reprodução de vapores de óleos essenciais em *Acanthoscelides obtectus* (Say) (Coleoptera: Bruchidae).   *Journal   of   Stored   Products   Research*,   38,   117-128. https://dx.doi.org/10.1016/S0022- 474X(01)00007-8.

KeiUi, S.M., Vincent, C., Schmit, J.P., Ramaswamy, S. & Bëlanger, A. (2000). Efeito de vários óleos essenciais em *Callosobruchus maculatus* (F.) (Coleoptera: Bruchidae). *Journal of Stored Products Research*, 36, 355-364. https://dx.doi.org/10.1016/s0022-474x(99)00055-7.

Ketoh, G.K., Koumaglo, H.K., Glitho, L.A., Auger, J. & Huignard, J. (2005). Efeitos residuais de óleos essenciais na sobrevivência e reprodução feminina de *Callosobruchus maculatus* (Coleoptera: Bruchidae) e na germinação de sementes de feijão-frade. *International   Journal   of   Tropical   Insect   Science*,   25,   129-133. https://dx.doi.org/10.1079/IJT200565.

Kellouche, A. & Soltani, N. (2004). Activite biologique des poudres de cinq plantes et de l'huile essentielle d'une d'entre elles sur *Callosobruchus maculatus* (F.). *International Journal of Tropical Insect Science*, 24(1), 184-191. https://dx.doi.org/10.1079/IJT200437.

Tripathi, A.K., Veena P., Aggarwal, K.K. & Sushil K. (2000). Effect of volatile oil constituents of *Mentha species* against the stored grain pests, *Callosobruchus maculatus* and *Tribolium castaneum*. *Journal of Medicinal and Aromatic Plant Sciences*, 22(1), 549-556. https://www.cabdirect.org/cabdirect/abstract/20013071663.

Isman, M.B. (2000). Óleos essenciais de plantas para a gestão de pragas e doenças. *Crop Prot*, 19, 603608. https://dx.doi.org/10.1016/S0261-2194(00)00079-X.

Ngamo, L.S.T. & Hance, T. (2007). Diversite des ravageurs des denrees et methodes alternatives de lutte en milieu tropical. *Tropicultura journal*, 25(4), 215-220. http://www.tropicultura.org/text/v25n4/215.pdf.

Obeng-Ofori, D., Reichmuth, C.H., Bekele, J. & Hassanali, A. (1997). Atividade biológica de 1,8-Cineole, um componente principal do óleo essencial de *Ocimum kenyense* (Ayobangira) contra escaravelhos de produtos armazenados. *Journal of Applied Entomology*, 121, 237-243. https://dx.doi.org/10.1111/j.1439-0418.1997.tb01399.x.

CAPITULO 7

INVESTIGAÇÃO E CARACTERIZAÇÃO DE DETERMINANTES QUE CONTROLAM A ACUMULAÇÃO DE CERTOS METAIS NAS FOLHAS DE *DYSPHANIA AMBROSIOIDES* (L.)

RESUMO

Neste estudo, interessa-nos a valorização das folhas da planta de *Dysphasia ambrosioides* (L.) e do seu extrato, por um lado, através de análises espectroscópicas de IV, termogravimetria (ATG) e determinação de metais por espetrofotómetro de absorção atómica (SAA) e, por outro lado, efetuar o rastreio fitoquímico dos extractos das folhas de *Dysphasia ambrosioides* (L.).

Palavras-chave: Metais pesados, Dysphasia ambrosioides (L.), Contaminação, Poluição, Alcalóides, Taninos, Glicosídeos, Flavonóides

1. INTRODUÇÃO

Atualmente, uma percentagem significativa dos medicamentos autorizados pelas agências governamentais são moléculas naturais ou compostos delas derivados (cerca de 50%). Como consequência, existe um enorme potencial para a descoberta de novas moléculas de interesse terapêutico em plantas. Entre essas plantas, escolhemos estudar a *Dysphasia ambrosioides* (L.). É uma espécie silvestre da América tropical naturalizada no velho mundo, é uma erva erecta, anual ou perene, com caule ramificado mais ou menos pubescente. É comummente utilizada como antimicrobiano, antifúngico (Paul *et al.*,1993; Boutkhil *et al.,_*2009; Boutkhil *et al. ,_*2011; Cicera *et al. ,_*2018), antirreumático, analgésico (Okuyama *et al. ,_*1993), sedativo, antipirético (Gadano *et al. ,_*2006) e também para o tratamento de distúrbios respiratórios, urogenitais, vasculares e nervosos e para distúrbios metabólicos como diabetes e colesterol alto (Cruz *et al. ,_*2007), citotóxico (Ruth *et al*, 2015), atividade antioxidante, anti-inflamatória e anti-leishmaniana (Reyes-Becerril *et al.*, 2019; Luz *et al.*, 2017; *Monzotea_et al.*, 2014).

Entre os poluentes originados pelas actividades industriais, os metais pesados (ou seja, Cu, Pb, Cr, etc...) suscitam várias preocupações. Estes elementos são facilmente bioacumuláveis e têm uma ecotoxicidade reconhecida. Além disso, estão envolvidos em várias patologias (sistema nervoso central, fígado, rins, mas também cancros e malformações embrionárias) (Abrahams *et al.*, 2002).

Atualmente, muitos estudos investigam o impacto dos metais pesados na taxa de germinação e no crescimento das plantas. Por exemplo, Mihoub *et al.* (2005) mostraram, durante a germinação de sementes de ervilha (*Pisum sativum* (L.)), que os cotilédones dos grãos sob stress acumulam gradualmente Cd e Cu e retêm elevados teores de Fe, Mg e Zn. Algumas plantas têm pouca ou nenhuma tolerância e morrem em contacto com metais pesados. Outras têm reacções de defesa e retardam a absorção através da secreção de ácidos que aumentam o pH e, consequentemente, reduzem a mobilidade dos oligoelementos. Outras são tolerantes aos metais e chegam mesmo a acumulá-los, a concentrá-los. Estas plantas são ditas "hiperacumuladoras" e metalófilas.

Os oligoelementos são absorvidos pelas raízes e aí permanecem na maior parte das vezes. A translocação nas partes aéreas (caules, folhas) varia consoante o metal e são sinais de um aumento da concentração de metais no solo, o chumbo permanece nas raízes. O cádmio passa mais facilmente pelas partes aéreas. Estudos demonstraram que certas plantas, conhecidas como metalófitas, são capazes de se desenvolver normalmente em locais altamente contaminados com vários metais e algumas destas plantas, qualificadas como hiperacumuladoras (Brooks, 1998), são capazes de armazenar maciçamente metais nas suas partes aéreas.

Existe também a fitoextracção, baseada na utilização de plantas hiperacumuladoras, que absorvem os metais do solo e os acumulam nos órgãos aéreos (McGrath, 1998). Este método é eficaz para uma grande variedade de metais pesados (Pb, Cd, Ni, Zn, ...).

Os compostos fenólicos são uma classe de metabolitos secundários muito utilizada e estão localizados nos vacúolos das células vegetais, no espaço intercelular e na superfície das plantas. Constituem um grande grupo de compostos que incluem fenóis simples, como os ácidos fenólicos, flavonóides (flavonas, flavonóis e antocianinas) e fenóis polimerizados, como os taninos e as ligninas. Participam em reacções de defesa contra agentes patogénicos e na alelopatia, protegem as estruturas celulares dos efeitos indesejáveis do excesso de energia fotoquímica e da radiação ultravioleta, especialmente dos raios UV-B. Os compostos fenólicos encontrados nas flores e nos frutos têm a propriedade de colorir esses órgãos (Winkel-Shirley,_2001).

Neste estudo, foi realizada uma investigação preliminar com o objetivo de valorizar as folhas de *Dysphasia ambrosioides* (L.), através da determinação da sua composição química por espetroscopia de infravermelhos, análise de termogravimetria (ATG) e determinação de metais por espetrofotómetro de absorção atómica (SAA). Além disso, foi testado um rastreio fitoquímico para outros compostos presentes no extrato aquoso.

2. MATERIAIS E MÉTODOS

2.1. Recolha de amostras

As folhas de *Dysphasia ambrosioides* (L.) foram coletadas durante a primavera de 2019, no parque AinOrma (33°53'36"N 5°32'50"W) que está localizado entre as cidades de Meknes e Khëmissat, na região de Fes-Meknes (Marrocos).

Após a recolha, as folhas da planta foram lavadas separadamente, secas à temperatura ambiente num local seco e ventilado, e protegidas da luz para evitar a perda de substâncias activas. Após a secagem, os vários órgãos foram finamente triturados e transformados em pó utilizando um moinho elétrico. O pó obtido foi armazenado em frascos fechados e mantido na ausência de luz.

2.2. Técnicas analíticas

A espetroscopia de infravermelhos foi utilizada para identificar as funções químicas das moléculas orgânicas. Resumidamente, a radiação infravermelha é uma radiação electromagnética com um comprimento de onda superior ao da luz visível mas inferior ao das micro-ondas. O domínio do infravermelho estudado situa-se entre 4000 cm^{-1} e 400 cm^{-1} , o que corresponde ao domínio da energia de vibração das ligações. O aparelho utilizado nesta análise é o espetroscópio de infravermelhos com transformada de Fourier (IR-TR) do tipo JASCO 4100.

A análise termogravimétrica é uma técnica de análise térmica que consiste em medir a massa de uma amostra quando esta é submetida a variações de temperatura (ou de tempo) num meio inerte (Azoto, Árgon ou Hélio para os ensaios a alta temperatura) ou oxidante (dioxigénio). O aparelho de análise termogravimétrica (ATG) utilizado foi o tipo de análise térmica Shimadzu. As curvas registadas para uma temperatura compreendida entre 0°C e 700°C. A taxa de aquecimento foi igual a 10°C/min.

Para a mineralização e dosagem, 6 g de amostra foram colocados num prato de porcelana e calcinados a 600 °C numa mufla (t=6 horas). A cinza obtida foi mineralizada com HNO3

75%, em um béquer e depois levada à secura até a mineralização descolorir (t=4 horas). O resíduo foi filtrado em papel de filtro do tipo Whatman.

A determinação dos metais pesados foi efectuada com um espetrómetro de absorção atómica de chama (modelo AA-7000 da Shimadzu). O aparelho foi controlado pelo software WIZARD. Foi utilizada uma lâmpada de cátodo oco (Hamamatsu Photonics K.K.) como fonte de radiação e uma lâmpada de deutério para a correção das absorções não específicas. O gás de arrastamento utilizado para a chama foi uma mistura de ar-acetileno. As soluções-padrão foram preparadas diluindo as soluções-mãe com uma concentração de 1000 mg/L. A gama de calibração foi preparada de acordo com o elemento a ser analisado.

Foram utilizados vários procedimentos para determinar os diferentes grupos químicos contidos num órgão vegetal. Trata-se de testes baseados em ensaios de solubilidade, reacções de coloração e precipitação, bem como exames sob luz ultravioleta.

O estudo quantitativo do extrato bruto por meio de ensaios espectrofotométricos visou determinar o teor total de polifenóis totais, de flavonóides totais e de taninos condensados. Para este objetivo, foram elaboradas e efectuadas três curvas de calibração para cada tipo de ensaio. Os resultados em equivalentes de ácido gálico, quercetina e catequina são expressos em mg/g de matéria seca.

50 g do pó foram adicionados a 500 mL de etanol absoluto, a mistura foi agitada durante 24 horas a 4°C e depois deixada em repouso durante algumas horas. A mistura foi então filtrada através de lã de vidro e depois através de vidro sinterizado (funil n.º 03), o filtrado foi armazenado a 4°C até ser utilizado.

A determinação dos polifenóis totais foi efectuada pelo método de Folin-Ciocalteu descrito por Wende *et al.*, (2007) com algumas modificações. Este método colorimétrico baseia-se na redução do complexo fosfotungsténio-fosfomolibdénio do reagente de Folin pelos grupos fenólicos das amostras, dando produtos de coloração azul em meio alcalino. Resumidamente, 0,1 mL do extrato de foi adicionado a 2,5 mL de água destilada e 0,5 mL de reagente de Folin. Após 5 min, foi adicionado 1,0 mL de carbonato de sódio (20%) à mistura de reação e o conjunto foi incubado durante 1 hora à temperatura ambiente. As absorvâncias são lidas a 765 nm utilizando um espetrofotómetro UV. Os resultados são expressos em miligramas equivalentes de ácido gálico/g de extrato seco com referência à curva de calibração do ácido gálico.

A determinação de flavonóides foi realizada de acordo com o método de tricloreto de alumínio (AlCl₃) (*Bahorun_et al.,_1996*); 1 mL de cada extrato (preparado em metanol) com diluições adequadas, foi adicionado a 1 mL da solução de AlCl3 (2% em metanol). Após 10 minutos de incubação e reação, a absorvância é lida a 430 nm utilizando um espetrofotómetro UV. Os resultados são expressos em mg equivalente de quercetina/g de extrato seco com referência à curva padrão para a quercetina.

O doseamento dos taninos condensados foi efectuado para o extrato de acordo com o método de Richard *et al.* (1978) e Heimler *et al.* (2006). A 400 |iL de cada amostra ou padrão (preparado em metanol e em água destilada para E. Aqe) com diluições adequadas, foram adicionados 3 mL da solução de vanilina (4% em metanol) e 1,5 mL de HCl concentrado. Após 15 minutos, a absorção foi lida a 500 nm. A concentração de taninos é deduzida a partir da gama de calibração estabelecida com a catequina e expressa em miligramas de equivalente de catequina por grama de extrato seco (mg EC/mg ES).

3. RESULTADOS E DISCUSSÃO

O teor de água nas amostras é de 4,48%, o que é um valor baixo. Vários factores podem influenciar o teor de água e de matéria seca da planta, tais como a natureza das fibras, a idade das plantas, o estado do solo e o prazo de validade da planta após a colheita. As análises de espetroscopia de infravermelhos das amostras calcinadas a temperaturas de 110°C, 325°C, 450°C e 600°C estão ilustradas na Figura 1.

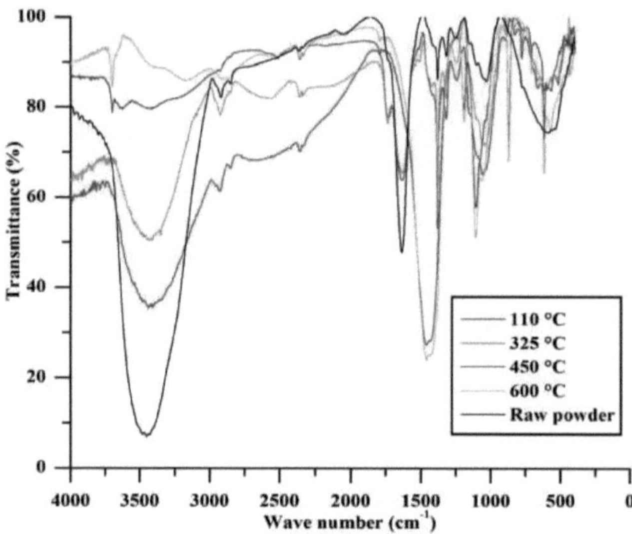

Figura 1: Espectro de infravermelhos (KBr) das folhas de *Dysphania ambrosioides* (L.) a diferentes temperaturas

O espetro de IV mostra a presença de uma banda larga e intensa em torno de 3500 cm^{-1} que é atribuível à banda de vibração de valência da função álcool V(O-H), e outra banda que aparece em torno de 2900 cm^{-1} atribuível à banda de vibração de valência V(C-H). Do mesmo modo, nota-se a presença de uma banda fina em torno de 1700 cm^{-1} relativa à banda de vibração de valência de V(C=O). Todas estas bandas pressupõem que o pó contém moléculas orgânicas com álcool e cetona. Fliou *et al.*, 2019 mostraram que a análise espectroscópica no infravermelho de amostras de Daphne garrou calcinadas a temperaturas, as mesmas bandas encontradas.

Nas temperaturas de 110°C e 325°C, nota-se a persistência das bandas de vibração de valência: V(OH% V(C-H), e v<C=O) e diminuição de sua intensidade.

A 450°C, verifica-se o desaparecimento de duas bandas relativas às bandas de vibração das funções álcool e cetona, e o aparecimento de uma nova banda em torno de 1480 cm^{-1} relativa à banda de vibração de valência ca ($_{caco3}$). Este facto pode ser explicado pelo início do desaparecimento da matéria orgânica. Para uma temperatura de 600°c, nota-se o desaparecimento da matéria orgânica, e o aparecimento das bandas relativas a outros elementos minerais como: caulinita, esmectita, calcita e óxido de silício (Figura 2) (Hachi *et al.*, 2002).

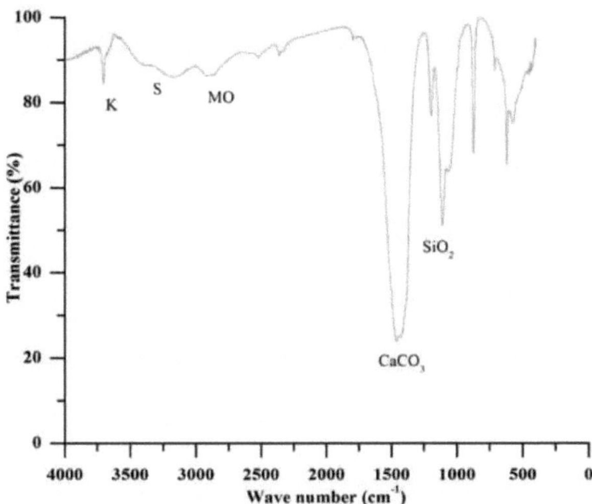

Figura 2: Espectro de infravermelhos das folhas em pó de *Dysphania ambrosioides* (L.) a 600°C (K: Caulinite (Al2Si2o5(oH)4, Mo: matéria orgânica, S: Esmectite, calcite (caco3): Siliconóxido (Sio2))

Para acompanhar a perda de massa da amostra durante o aumento da temperatura, utilizámos a análise termogravimétrica (TGA) e a análise térmica diferencial (DTA).

Foram avaliadas as temperaturas relacionadas com as taxas de degradação. A Figura 3 mostra o termograma obtido.

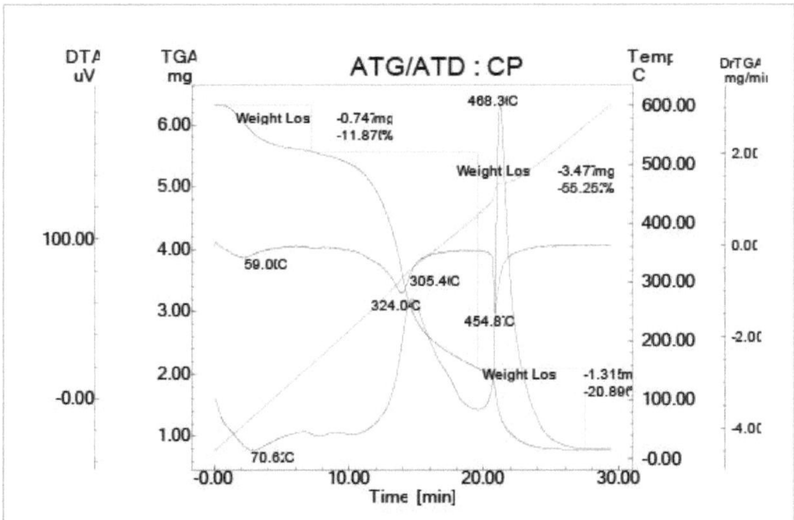

Figura 3: Curva ATG/ATD do pó bruto das folhas de *Dysphasia ambrosioides* (L.)

A degradação térmica da amostra pode ser identificada pela diminuição do seu peso. A diferença de massa é devida às reacções de combustão endotérmica e exotérmica que ocorrem.

O processo de transformação é caracterizado por uma degradação térmica apresentada em 3 fases: A primeira corresponde a uma perda de massa de 0,747 mg ou 11,87%. Esta perda, que se observa a uma temperatura de 110°C, é atribuída à evaporação da água contida na planta. A segunda etapa é observada a 325°C, correspondendo ao início da degradação térmica da matéria orgânica com uma perda de massa de 3,477 mg ou 55,25%. Finalmente, a terceira etapa, a uma temperatura de 454,87°C, registou uma perda de massa de 1,315 mg ou 20,90% e está relacionada com a destruição total da matéria orgânica (Tabela 1).

Quadro 1: Perda de massa das folhas de *Dysphania ambrosioides* (L.) em função da temperatura

Planta	Etapa	Temperatura	Uma perda de massa (%)
	1	110°C	11 87
Folhas de *Chenopodium* em pó	2	325°C	67.12
***ambrosioides* (L.)**	3	600°C	88.02

O diagrama ATD da planta mostra picos que indicam as diferentes reacções de degradação. Um pico endotérmico a 70,62°C é atribuído à evaporação da água absorvida e dois picos exotérmicos a 324,04 e 468,36°C são atribuídos à degradação da matéria orgânica. De facto, os resultados das calcinações confirmam os da análise térmica diferencial (DTA) pela perda de metade da matéria orgânica a uma temperatura de 300°C, e que esta perda é considerável a 600°C.

Os teores de metais pesados são apresentados no Quadro 2.

Quadro 2: Teor de metais pesados nas folhas de *Dysphasia ambrosioides* (L.)

Metalelemento	Conteúdo$^{(m}$ g/kg	Conteúdo normal em plantas por OMS (mg/kg)	Concentração normal (mg/Kg) (Kabata- Pendias, 1986)	Teor de metais pesados no corpo humano (mg/kg) (de acordo com Schroeder, 1967)
Ferro (Fe)	1.5175	-	-	60
Cobre (Cu)	0.1256	150	-	1
Zinco (Zn)	1.1637	-	27-150	33
Cádmio (Cd)	0.003	0.3	0.05-0.2	-
Chumbo (Pb)	0.0145	10	5-10	-
Sódio (Na)	22.127	-	-	800
Lítio (Li)	0.1154	-	-	-
Potássio (K)	0.008	-	-	-
Cálcio (Ca)	37.2633	-	-	19000

Os resultados revelaram uma elevada retenção de Na e Ca, com um teor de 22,117 e 37,2633 mg/kg, respetivamente. Estas concentrações são inferiores ao limite autorizado. Outros elementos como o Fe, Cu, Zn e Li estão presentes em teores baixos, enquanto o Cd, Pb e K são quase inexistentes. Estes resultados mostraram que todos os teores de metais pesados são inferiores aos padrões propostos pela OMS, Kabata-Pendias, (1986) e Schroeder, (1967). Isto sugere que a Dysphasia *ambrosioides* (L.) não é tóxica para estes elementos vestigiais.

Os resultados dos teores de polifenóis totais, flavonóides totais e taninos condensados no extrato aquoso estão resumidos na Tabela 3.

Tabela 3: Resultados do rastreio fitoquímico do extrato das folhas de *Dysphania ambrosioides* (L.)

Extrato aquoso das folhas de *Dysphania ambrosioides* (L.)			
	Alcalóides		+
Taninos	Taninos catequéticos		+
	Taninos gálicos		-
Derivados antracenados	Antraceno livre		-
	Antracenecombinad	O-heterósido	-
		Heterosidegenina	-
C-heterósido			
Antocianinas			-
Flavonas			-
Flavanonas			-
Flavonóides ...			
Flavonóis			-
Leucoantocianinas			+
Catecol			-
Saponósidos			-
Esteróis e tri-terpenos			+++
Mucilagem			+
Oses e holósidos			+++
Protocianidóis			-
Iridóides			-

(-): Ausência, (+): Presença

A triagem fotoquímica revelou a riqueza nesta planta de metabólitos secundários como alcaloides, taninos catequéticos, flavonoides (Leucoantocianos), esteróis e tri-terpenos, mucilagens, oses e holosídeos. Esses resultados foram encontrados por Oliveira et *al.* (2017). Que demonstraram que esses metabólitos secundários encontrados em Chenopodium ambrosioi'des possuem efeitos positivos no combate ao carrapato dos bovinos.

Os resultados mostram também a ausência de algumas famílias como: taninos gálicos, derivados antracínicos, antocianinas, flavonas, flavononas, flavonóis, catecóis, saponósidos, protocianidóis e iridóides. Estes últimos são considerados potentes agentes alelopáticos, ou seja, produzem metabolitos secundários que podem alterar o crescimento e/ou desenvolvimento de outros sistemas (Rodrigues et al., 2009; Lobo et *al.*, 2008).

A concentração de polifenóis totais baseia-se na equação de regressão (r^2 =0,992) da gama de calibração estabelecida com o ácido gálico (figura 4). É expressa em miligramas de equivalentes de ácido gálico por grama de extrato seco (mg EAG/g ES).

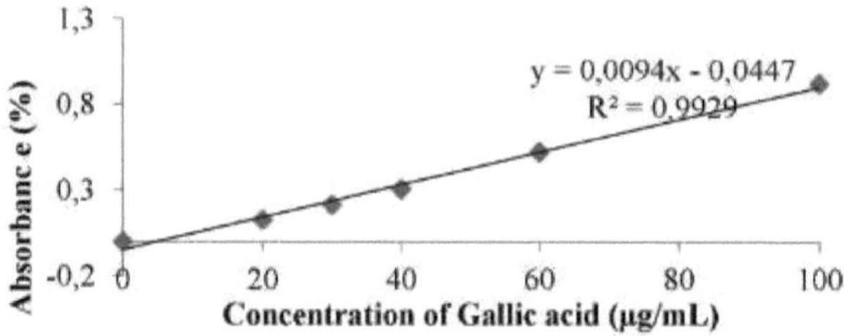

Figura 4: Curva de calibração do ácido gálico para a determinação dos fenóis totais

Estes resultados sugerem que o extrato etanoico é rico em compostos fenólicos totais, com um teor de 42,57 mg EAG/g ES. Trabalhos anteriores (Nowak *et al.*, 2016) sobre *Chenopodium* (L.) mostraram que os níveis mais elevados de polifenóis foram observados em *Chenopodium album* (3,36 mg/g DW), sementes de *Chenopodium urbicum* (3,87 mg/g DW) e raízes de *Chenopodium. urbicum* (1,52 mg/g DW). De acordo com Dini *et al.* (2010), as sementes de *Chenopodium quinoa* amarga contêm 86,4 mg de AGE/10 g DW e as de *Chenopodium quinoa* doce 77,2 mg de AGE/10 g DW. *O Chenopodium pallidicaule* tem um teor mais elevado de polifenóis totais 413 mg GAE/100 g DW (Dasgupta. *et al.*, 2007).

A concentração de flavonóides foi deduzida a partir das gamas de calibração estabelecidas com a quercetina (figura 5). É expressa em miligramas de equivalente de quercetina por grama de extrato seco (mg EQ/g ES). De acordo com a curva de calibração, o teor total de flavonóides extraídos do extrato de folhas de Chenopodium ambrosioides com etanol é da ordem de 20,19 (mg EQ/g ES).

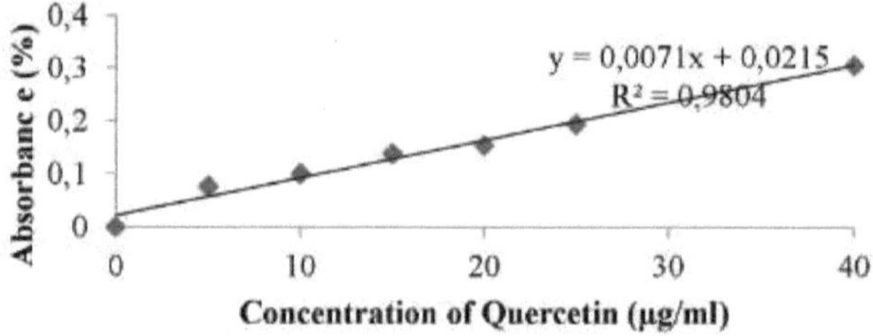

Figura 5: Curva de calibração da quercetina para o ensaio de flavonóides

A concentração de flavonóides foi determinada utilizando o método espetrofotométrico na presença de cloreto de alumínio. Os resultados obtidos mostraram que a concentração de flavonoides no extrato é de 20,19 mg EQ/g de ES. Este valor é inferior ao valor encontrado por Tanzeel *et al.*, (2018), seja um conteúdo de 57±1,41 pg QE/mg de extrato. Sajjad *et al.*, (2016) explicaram essa variação nos compostos fenólicos e flavonoides em diferentes partes da planta pela polaridade do solvente e com propriedades antioxidantes e medicinais.

A curva de calibração foi construída utilizando a catequina como padrão de referência (Figura 6).

De acordo com a curva de calibração, o teor de taninos condensados no extrato de folhas de *Dysphania ambrosioides* (L.) é da ordem de 38,78 (mg EC/g Es).

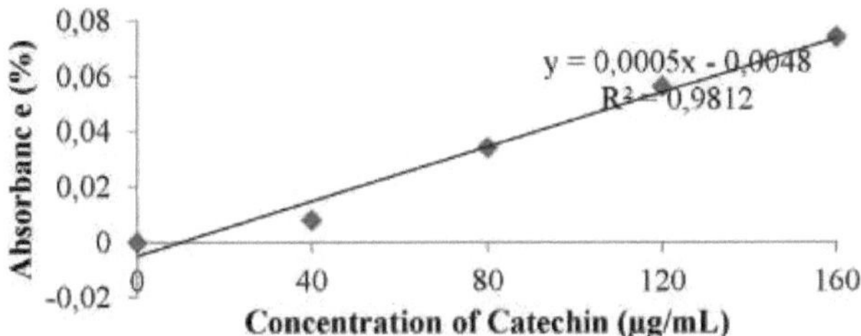

Figura 6: Curva de calibração da catequina para a determinação de taninos condensados

Os resultados mostraram que o teor de taninos condensados no extrato etanoico das folhas de *Dysphania ambrosioides* (L.) é de 38,78 mg EQ/g ES. Comparando estes resultados com os obtidos por Ksouri et al., (2009) em Tamarix gallica cujas folhas registaram uma atividade total de 14,66 mg EAG/g MS, constatamos que o teor em taninos condensados do extrato etanoico das folhas de *Dysphania ambrosioides* (L.) pode ser considerado como uma forte atividade antioxidante porque são muito bons eliminadores de radicais livres e inibem também a formação de radicais superóxidos.

CONCLUSÃO

A análise espectroscópica no infravermelho e a análise térmica diferencial mostraram que a planta *Dysphania ambrosioides* (L.) sofre uma perda de matéria orgânica à medida que a temperatura aumenta. A matéria mineral remanescente é analisada por espetroscopia de absorção atómica. Os resultados mostraram que a planta contém certos elementos metálicos em pequenas quantidades, como Na, Ca, Fe, Cu, Zn e Li. Enquanto o conteúdo de Cd e Pb é quase inexistente. O rastreio fitoquímico dos extractos mostrou uma presença significativa de polifenóis totais, flavonóides totais e taninos condensados.

REFERÊNCIAS

Abrahams, P.W. (2002): Solos: suas implicações para a saúde humana. The Science of the Total Environment, 291, 1-32.

Bahorun, T., B. Gressier, F. Trotin, C. Brunet, T. Dine, M. Luyckx, J. Vasseur, M. Cazin, J.C. Cazin & M. Pinkas (1996): Oxigen species scavenging activity of phenolic extract from howthorn fresh plant organs and pharmaceutical preparation. Arzneimittelforschung, 46(11), 1086-9.

Boutkhil, S., M. El Idrissi, A. Amechrouq, A. Chbicheb, S. Chakir & K. EL Badaoui (2009): Composição química e atividade antimicrobiana dos extractos bruto, aquoso e etanólico e dos óleos essenciais de *Dysphania ambrosioides* (L.) Mosyakin & Clemants. Ata Botanica Gallica, 156, 201-209.

Boutkhil, S., M. El Idrissi, S. Chakir, M. Derraz, A. Amechrouq, A. Chbicheb & K. El Badaoui (2011): Antibacterial and antifungal activityof extracts and essential oils of *Seriphidiumherba-alba* (Asso) Sojak and their combination effects with the essential oils of *Dysphania ambrosioides* (L.) Mosyakin & Clemants. Ata Botanica Gallica, 158, 425-433.

Brooks, R.R. (1998): Geobotânica e hiperacumuladores. In: Brooks, R.R. (Ed.). Plantas que hiperacumulam metais pesados. CABI Publishing, Wallingford, pp. 55-94.

Gcera Datiane, M.O.T., R.T. Saulo, W.L. Paulo, G.F. Fernando, F.C. Fabia, A.B.C. Francisco, H.S.C. Roger, S.P. Pedro, F.L. Luciene, M.L.S.M. Yedda, D.M.C. Henrique, P.S.J. Josë, Q.B. Valdir & G.S. Teresinha (2018): Inibição do óleo essencial de *Chenopodium ambrosiaides* (L.) e do a-terpineno sobre a bomba de efluxo NorA de *Staphylococcus aureus*.

Química dos Alimentos, 262, 72-77.

Cruz, G.V.B., P.V.S. Pereira, F.J. Patricio, G.C. Costa, S.M. Soussa, J.B. Frazao, W.C. Aragao-Filho, M.C.G. Maciel, L.A. Silvia, F.M.M. Amaral, E.S.B. Barroqueiro, R.N.M. Guerra & F.R.F. Nascimento (2007): Aumento do recuitamento celular, da capacidade de fagocitose e da produção de óxido nítrico induzidos pelo extrato hidroalcoólico das folhas de *Dysphania ambrosioides (L.) Mosyakin & Clemants*. Journal of Ethnopharmacology, 111, 148-154.

Dasgupta, N. & B. De (2007): Antioxidant activity of some leafy vegetables of India: a comparative study. Food chemistry, 101, 471-474.

Dini, I., G.C. Tenore & A. Dini (2010): Conteúdo de compostos antioxidantes e atividade antioxidante antes e depois da cozedura em sementes doces e amargas *de Chenopodium quinoa*. Lwt food science technology, 43, 447-451.

Oliveira, E., M. da Silva, L. Sprenger & D. Pedrassani (2017): Atividade in vitro do extrato hidroalcoólico de *Chenopodium ambrosioides* contra fêmeas ingurgitadas de Rhipicephalus (Boophilus) microplus. Arquivos Do Instituto Biologico, 84, 1-7.

Gadano, A., A. Guni & M.A. Carballo (2006): Medicina popular argentina: efeitos genotóxicos da família Chenopodiaceae. Journal of Ethnopharmacology, 103, 246-251.

Hachi, S., F. Frohlich, A. Gendron-Badou, H. de Lumley, C. Roubet & S. Abdessadok (2002). Figurines du Pateolithique supërieur en matiere miiK'rale plastique cuite d'Afalou Bou Rhummel (Babors, A^rie), Premieres analyses par spectroscopie d'absorption Infrarouge. L'Anthropologie, 106, 57-97.

Heimler, D., P. Vignolini, D.M. Giulia, F.F. Vincieri & A. Romani (2006): Atividade antirradicalar e composição polifenólica de variedades locais de Brassicaceae comestíveis. Food Chemistry, 99, 464-469.

Fliou, J., A. Amechrouq, M. Elhourri, O. Riffi & M. El Idrissi (2019): Determinação do teor de metais pesados da planta Daphne gnidium L. usando espetroscopia de absorção atómica. Annales, Série Historia Naturalis. 29(2), 253-258.

Kabata-Pendias, A. (2001): Trace Elements in Soils and Plants. CRC Press, Boca Raton Londres Nova Iorque Washington, D.C.

Ksouri R., H. Falleh, W. Megdiche, N. Trabelsi, B. Hamdi, K. Chaieb, A. Bakhrouf, C. Magne, C. Abdelly (2009): Actividades antioxidantes e antimicrobianas do halófito medicinal comestível Tamarix gallica L e constituintes polifenólicos relacionados. Food Chemistry Toxicol, 47, 2083-2091.

Luz, H.V.D., G.G.M. Edith, Y.S.G. Alma, R.A. Juana & J.T. Santiago-Castro (2017): Potencial aplicação do epazote (*Dysphania ambrosioides (L.) Mosyakin & Clemants*) como antioxidante natural em carne suína moída crua. LWT Food Science and Technology, 84, 306-313.

Lobo L.T., Castro K.C.F., Arruda M.S.P., da Silva M.N., Arruda A.C., Muller A.H., Arruda G.M.S.P., Santos A.S., Souza Filho A.P.S (2008): Potencial alelopatico de catequinas de Tachigali myrmecophyla (leguminosae). Química Nova, 31, 493-497.

McGrath, S.P. (1998): Phytoextraction for Soil Remediation. Em: Brooks, R.R. (Ed.). Plants that hyperaccumulate heavy metals. CABI Publishing, Wallingford, pp. 261-287.

Mihoub, A., A. Chaoui & E. El Ferjani (2005) : Changements biochimiques induits par le cadmium et le cuivre au cours de la germination des graines de petit pois (*Pisum sativum (L.)*). Comptes Rendus Biologies, 328, 33-41.

Monzotea, L., J. Pastor, R. Scull & L. Gillec (2014): Atividade antileishmanial do óleo essencial de *Chenopodium ambrosioides* e seus principais componentes contra a *leishmaniose cutânea* experimental em camundongos BALB / c. Phytomedicine, 21, 8-9.

Nowak, R., K. Szewczyk, U. Gawlik-Dziki, J. Jolanta Rzymowska & Komsta L. (2016): Potencial antioxidante e citotóxico de algumas espécies de *Chenopodium* (L.) que crescem na Polónia. Jornal Saudita de Ciências Biológicas, 23, 15-23.

Okuyama, E., K. Umeyama, Y. Saito, M. Yamazaki & M. Satake (1993): Ascaridole como princípio do "paico", uma planta medicinal peruana. Boletim Químico e Farmacêutico, 41, 1309-1311.

Paul, W.P., Z. Jaroslav, L.F. Vera & S.M. Itamar (1993): Antifungal Terpenoids from *Chenopodium ambrosioides*. Biochemical Systematics and Ecology, 21, 649-653.

Reyes-Becerril, M., C. Angulo, V. Sanchez, J. Vazquez-Martinez & M.G. Lopez (2019): Antioxidante, estado imunológico intestinal e potencial antiinflamatório de *Dysphania ambrosioides* (L.) *Mosyakin & Clemants* em peixes: Estudos in vitro e in vivo. Imunologia de peixes e mariscos, 86, 420-428.

Richard, B.B. & T.J. William (1978): Analysis of Condensed Tannins Using Acidified Vanillin. Journal of the Science of Food and Agriculture, 29, 788-794.

Rodrigues, I.M.C., A.P.S. Souza Filho & F.A. Ferreira (2009): Estudo fitoqrnmico de Senna alata por duas metodologias. Planta daninha, 27, 3, 507-513.

Ruth, T.D., V.F. Ingrid, T.G. Liliane, C.F.Jr. Gilberto, E.N. Alexandre, M.S.B. Christiane, M.W. Theodoro, M.S. Marcia, B.C. Alexandre & M. Angela (2015): Caracterização e avaliação do potencial citotóxico do óleo essencial de Chenopodium ambrosioides. Revista Brasileira de Farmacognosia, 26, 56-61.

Sajjad, A., U. Farhat, S. Abdul, A. Muhammad, I. Muhammad, A. Imdad, Z. Anwar, U. Farman & R.S. Muhammad (2016): Composição química, potencial antioxidante e anticolinesterásico do óleo essencial de Rumex hastatus D. Don coletado no noroeste do Paquistão. BMC Complementary Altern Med, 16, 2-11.

Schroeder, H.A. (1967): Cadmium, Chromium, and Cardiovascular Disease, Ciculation, 35, pp 570-82.

Tanzeel, Z., M. Ovais, K.A. Talha, M. Qasim, M. Ayaz & S.Z. Khan (2018): Otimização da extração, fenólicos totais, conteúdo de flavonóides, análise HPLC-DAD e diversas avaliações farmacológicas de Dysphania ambrosioides (L.) Mosyakin & Clemants. Pesquisa de Produtos Naturais, 33, 136-142.

Wende, L., V.W. Chunliang, J.W. Pamela & B. Trust (2007): O milho com alto teor de amilose apresenta melhor atividade antioxidante do que os genótipos típicos e cerosos. Journal of Agricultural and Food Chemistry, 55, 291-298.

Winkel-Shirley, B. (2001): Flavonoid biosythesis. Um modelo colorido para a genética, bioquímica, biologia celular e biotecnologia. Fisiologia Vegetal, 126, 485-493.

CAPITULO 8

ESTUDO COMPARATIVO DA COMPOSIÇÃO QUÍMICA DO ÓLEO ESSENCIAL DE *DAUCUS CAROTA* (L.) *SSP. CAROTA* (APIACEAE) DO MEDITERRÂNEO E SUA ACTIVIDADE ANTIMICROBIANA

RESUMO

Os óleos essenciais obtidos por hidrodestilação de umbelas de *Daucus carota* (L.) *ssp. carota* foram estudados por GC/MS. Verificámos que estes óleos essenciais consistem em duas fases, uma oleosa e a outra cristalizada. A fase oleosa contém principalmente a-Pineno (22,25%), seguido de в-Asarona (15,13%), Sabineno (12,46%) e a-Himachaleno (10,14%), assim como a fase cristalizada contém в-Asarona com uma pureza de 99,5%. No que diz respeito à atividade antimicrobiana, os óleos essenciais brutos de umbelas de *Daucus carota* (L.) *ssp. carota* mostraram uma atividade inibidora significativa contra as bactérias e bolores estudados.

Palavras-chave: *Daucus carota* (L.) *ssp. Carota*, Apiaceae, Óleos essenciais, Guarda-chuva, в-Asarone GC-MS

1. INTRODUÇÃO

A Organização Mundial de Saúde (OMS) estabeleceu que mais de 68% da população mundial depende exclusivamente de plantas medicinais para satisfazer as suas necessidades de saúde (OMS, 2003). Os produtos naturais, especialmente as plantas, estão sempre e facilmente disponíveis, são baratos e as utilizações são relevantes para as culturas e origens das pessoas (Sofowora, 1993). Isto exprime o potencial das plantas medicinais para alcançar as citações estatutárias globais de saúde para todos.

Nos últimos anos, os óleos essenciais têm sido utilizados numa grande variedade de áreas, particularmente para curar e aromatizar alimentos, bem como nas indústrias de perfumes e farmacêutica (Bakkali et al., 2008). Existe atualmente um interesse crescente nos óleos essenciais e seus componentes, particularmente pelas suas actividades antibacterianas e antifúngicas de largo espetro, que podem fornecer, por exemplo, ingredientes funcionais alternativos para prolongar o prazo de validade dos produtos alimentares e garantir a segurança microbiana aos consumidores (Sa'nchez-Gonza'lez et al., 2011).

O género Daucus, Apiaceae, inclui aproximadamente 60 espécies anuais e bienais distribuídas na Europa, África, Ásia, América e Austrália (Niko et al., 2011). Tem um interesse crescente como alternativa às drogas sintéticas, particularmente contra agentes microbianos devido ao crescimento da resistência aos antibióticos. Com o objetivo de procurar novos quimiotipos e de realizar um estudo comparativo com a literatura, interessou-nos estudar a composição química do óleo essencial de umbelas de *Daucus carota* (L.) *ssp. carota*.

2. MATERIAIS E MÉTODOS

2.1. Planta utilizada

Os umbigos de *Daucus carota* (L.) *ssp. carota* utilizados neste estudo foram colhidos na região de Ain Orma Meknes (33°53'36"N 5°32'50"W) em abril e junho de 2023.

2.2. Extração do óleo essencial

A extração do óleo essencial foi realizada por hidrodestilação de 100 g de material vegetal seco em 1,5 l de água a 100 °C num essenciador do tipo Clevenger (Clevenger, 1928). A destilação dura três horas após a recuperação da primeira gota de destilado. O óleo essencial é seco sobre sulfato de sódio anidro e armazenado a 4°C no escuro. O rendimento do óleo essencial é expresso em relação à matéria seca (em mL/100g de matéria seca).

2.3. Análise cromatográfica

A análise cromatográfica foi efectuada por cromatografia gasosa (Trace GC Ultra) acoplada a espetrometria de massa (Polaris Q MS ion trap). A fragmentação foi efectuada por um impacto eletrónico sob um campo de 70eV. A temperatura da coluna (VB-5 (5% fenilmetilpolissiloxano), 30 m*0,25 mm*0,25 pm) é programada de 40 a 300°C a 4°C/min. O gás de transporte é hélio a 1,4 ml/min. O modo de injeção é dividido. O dispositivo está ligado a um sistema informático que gere uma biblioteca de espectros de massa NIST 98. A identificação dos componentes baseia-se nos seus índices de Kovats calculados e comparados com os índices espectrais de amostras de referência publicados na literatura (Adams, 1995), utilizando também a base de dados de massas espectrais NST do computador do cromatógrafo de fase gasosa.

Teste biológico

As concentrações inibitórias mínimas (CIM) dos óleos essenciais foram determinadas de acordo com o método referido por Remmal *et al.* (1993) e Satrani *et al.* (2001). Devido à imiscibilidade dos óleos essenciais em água e, por conseguinte, no meio de cultura, a emulsificação foi efectuada utilizando uma solução de ágar a 0,2% para promover o contacto germe/composto. São preparadas diluições de 1/10, 1/25, 1/50, 1/100, 1/200, 1/300 e 1/500 na solução de ágar. Em tubos de ensaio contendo cada um 13,5 mL de meio de ágar TSA (Tryptic Soy Agar), autoclavados durante 20 minutos a 121°C e arrefecidos a 45°C, são adicionados 1,5 mL de cada uma das diluições de modo a obter as concentrações finais de 1/100 a 1/5000 (v/v). Os tubos são então bem agitados antes de serem vertidos em placas de Petri. Foram preparados controlos, contendo apenas o meio de cultura suplementado com a solução de ágar a 0,2%. As bactérias são semeadas com uma ansa de platina calibrada para recolher o mesmo volume de inóculo. Este último é retirado de uma cultura jovem em caldo de cultura (6h a 37°C). Para os fungos, o meio de ágar (MEA) é semeado com um fragmento de 6 mm de diâmetro retirado da periferia de uma cultura fúngica no meio MEA com sete dias de idade. Cada teste foi repetido três vezes para minimizar o erro experimental.

3. RESULTADOS E DISCUSSÕES

O rendimento do óleo essencial de umbela foi de 0,80%. A análise cromatográfica do óleo essencial da fase oleosa das umbelas permitiu identificar 63 constituintes. Os hidrocarbonetos monoterpenos representam 43,65% de toda a composição química, os seus derivados oxigenados são 2,33% e os hidrocarbonetos sesquiterpenos representam 28,66% da composição química. Os sesquiterpenos são representados por numerosos derivados oxigenados (2,69%) superiores aos dos monoterpenos. O a-Pineno é o composto predominante (22,25%), seguido da в-Asarona (15,13%), do Sabineno (12,46%) e do a-Himachaleno (10,14%) (Quadro 1).

Quadro 1: Composição química da fase oleosa do óleo essencial dos umbigos de *Daucus carota* (L.) *ssp. carota*

TR	Componentes	Formule chimique	Percentagem (%)
7,65	Tricicleno	C10H16	0,04
7,89	a-Thujene	C10H16	0,33
8,12	a-Pineno	C10H16	22,25
8,53	Camphene	C10H16	1,10
8,74	Thuja-2,4(10)-dieno	C10H14	0,06
9,45	Sabineno	C10H16	12,46

10,11	в-Pineno	$C10H16$	2,19
10,48	a-Phellandrene	$C10H16$	0,11
10,69	cis-Ocimeno	$C10H16$	0,02
10,92	Y-Terpineno	$C10H16$	0,38
11,2	p-Cimeno	$C10H14$	0,29
11,36	Limoneno	$C10H16$	3,80
12,45	3-Carene	$C10H16$	0,47
12,73	hidrato de trans-sabineno	$C10H18O$	0,11
13,52	Terpinoleno	$C10H16$	0,10
13,84	Alloocimeno	$C10H16$	0,05
14,66	p-Menth-2-en-1-ol	$C10H18O$	0,05
14,8	Canfeno-6-ol	$C10H16O$	0,04
15,06	Mirtenol	$C10H16O$	0,02
15,25	Carveol	$C10H16O$	0,04
15,37	(S)-cis-Verbenol	$C10H16O$	0,10
15,51	trans-2-Caren-4-ol	$C10H16O$	0,39
16,06	Verbenona	$C10H14O$	0,05
16,31	Myrtenal	$C10H14O$	0,06
16,64	Terpinen-4-ol	$C10H18O$	1,15
17,13	a-Terpineol	$C10H18O$	0,12
17,23	3-Caren-10-al	$C10H14O$	0,20

19,56	Acetato de crisantenilo	$C12H18O2$	0,16
20,36	Acetato de bornilo	$C12H20O2$	0,39
21,15	Acetato de verbenilo	$C12H18O2$	0,03
22,08	6-Elemene	$C15H24$	1,92
22,49	Longifoleno	$C15H24$	0,04
23,3	Copaene	$C15H24$	0,17
23,83	в-Elemene	$C15H24$	0,65
24,64	Alloaromadendrene	$C15H24$	0,59
24,96	Germacreno D	$C15H24$	0,05
25,21	Longipineno	$C15H24$	0,06
25,42	Ciclosativeno	$C15H24$	0,10
25,7	a-Guaiene	$C15H24$	0,64
25,89	Cariofileno	$C15H24$	0,33
26,57	в-Cubebeno	$C15H24$	7,74
26,87	6-Selineno	$C15H24$	0,21
27,03	Valencene	$C15H24$	1,08
27,27	Eremofileno	$C15H24$	0,43
27,45	a-Himachalene	$C15H24$	10,14
27,78	Y-Muuroleno	$C15H24$	1,39
28,45	10s,11s-Himachala-3(12),4-diene	$C15H24$	0,69
28,77	Ledene	$C15H24$	0,31
29,07	в-Guaiene	$C15H24$	0,12
29,41	Y-Costol	$C15H24O$	0,16
29,53	Epóxido de aromadendreno	$C15H24O$	0,35

RT			
29,84	Y-Himachalene	C15H24	0,35
30,4	6-Isopropenil-4,8a-dimetil-1,2,3,5,6,7,8,8a-octa-hidro-naftaleno-2-ol	C15H24O	0,13
30,55	в-Cadineno	C15H24	0,24
30,77	Isoelemicina	C12H16O3	1,15
30,88	(-)-Spathulenol	C15H24O	1,15
31,23	a-Gurjunene	C15H24	1,34
31,57	т-Cadinol	C15H26O	0,86
32,4	в-Asarone	C12H16O3	15,13
33,89	a-Asarone	C12H16O3	0,07
36,55	Cicloisolongifoleno	C15H24	0,07
38,05	Óxido de ledeno	C15H24O	0,04
39,15	Óxido de epimanoílo	C20H34O	0,09
Total			**94,35%**

Hidrocarbonetos monoterpenos	43,65%
Monoterpenos oxigenados	2,33%
Hidrocarbonetos sesquiterpénicos	28,66%
Sesquiterpenos oxigenados	2,69%
Ésteres não-terpenos	0,58%
в-Asarone	15,13%
Isoelemicina	1,15%
a-Asarone	0,07%
Éter não-terpeno	0,09%

RT: Tempo de retenção

3.1. Fase cristalina da essência das flores de *Daucus carota (L.) ssp. carota*

Shenvi et al., (2011) descreveram um método para o isolamento de в-Asarone que se baseia no fracionamento do extrato etanólico de *Acorus calamus*. No nosso estudo, conseguimos isolar в-Asarone do óleo essencial de *Daucus carota* (L.) *ssp. carota* depois de o termos cristalizado por congelação. A pureza da в-Asarona atinge 99,5%. O rendimento é de 46,47% para os umbigos e de 63,38% para as sementes. A análise dos espectros de IR, 1H NMR, 13C NMR e espetrometria de massa confirma a estrutura da в-Asarone (Elhourri et al., 2013).

3.2. Atividade antimicrobiana de *Daucus carota (L.) ssp. carota*

O óleo essencial da fase oleosa dos umbigos de *Daucus carota* (L.) *ssp. carota* tem uma atividade inibidora significativa contra as bactérias e os bolores estudados. O resultado desta atividade antimicrobiana e antifúngica é apresentado no Quadro 2. Os resultados da tabela mostram que o óleo essencial da fase oleosa dos umbigos de *Daucus carota* (L.) *ssp. carota* inibiu o crescimento de *B. cereus* e *S. aureus* a partir de uma concentração baixa de cerca de 0,30 mg/mL, enquanto *E. coli*, *E. amylovora*, *P. savastoni* e *S. thyphi* foram inibidos a partir de uma concentração de 0,45 mg/mL. Os sete bolores mostraram um comportamento de sensibilidade diferente em relação ao óleo essencial da fase oleosa dos umbigos de *Daucus carota* (L.) *ssp. carota*. *P. expansum* é o mais sensível, com uma CIM de 0,30 mg/mL, enquanto *A. alternata*, *B. cinerea*, *P. digitatum*, *P. italicum*, *V. dahlea* e *A. niger* foram inibidos a partir de uma concentração de 0,45 mg/mL. A transferência dos discos anti-bolor para meio MA fresco mostrou que o óleo essencial da fase oleosa dos umbigos de *Daucus carota* (L.) *ssp. carota* tem um efeito fungicida sobre o crescimento micelial de todos os bolores a partir de uma concentração de 3,64 mg/mL, quando se obtém um efeito. Fungistático a partir da concentração de óleo essencial da fase oleosa dos umbigos de *Daucus carota* (L.) *ssp. carota* de 0,45 mg/mL. A atividade antifúngica do óleo essencial de *Daucus carota* (L.) *ssp. carota* foi demonstrada por vários estudos; contra: *Espécies de Aspergillus* e *A. niger* (Charai et al., 1996), *P. italicum*, *A. alternata* (Sakkas e Papadopoulou, 2017), contra bactérias Gram+ e Gram- e também contra cepas resistentes de *E. coli* (Ben Hammou et al., 2011; Bouhdid et al., 2008). Laghmouchi et al. (2018) relataram que a CIM de S. aureus diminuiu com o aumento da concentração de *Daucus carota* (L.) *ssp. carota* essencial. Este óleo pode, portanto, ser usado como um substituto para conservantes químicos para o controlo de *S. aureus*: o agente responsável pelo envenenamento através do consumo de produtos de carne contaminados. A atividade antimicrobiana também foi confirmada por outros trabalhos (Bouyahya et al., 2016; Nayely et al., 2017; Lu et al., 2018; Teodora e Ralitsa, 2016).

Quadro 2: Concentrações inibitórias mínimas do óleo essencial de *Daucus carota* (L.) *ssp. carota* em treze microrganismos

Concentração (mg/mL)	1/100 9,10	1/250 3,64	1/500 1,82	1/1000 0,91	1/2000 0,45	1/3000 0,30	1/5000 0,18	Testemunha 0
Bactérias								
B. cereus	-	-	-	-	-	-	+	+
E. coli	-	-	-	-	-	+	+	+
E. amylovora	-	-	-	-	-	+	+	+
P. savastanoi	-	-	-	-	-	+	+	+
S. aureus	-	-	-	-	-	-	+	+
5. thyphi	-	-	-	-	-	+	+	+
Cogumelos								
A. alternata	-	-	-	-	-	+	+	+
A. niger	-	-	-	-	-	+	+	+
B. cinerea	-	-	-	-	-	+	+	+
P. digitatum	-	-	-	-	-	+	+	+
P. expansum	-	-	-	-	-	-	+	+
P. italicum	-	-	-	-	-	+	+	+
V.dahlea	-	-	-	-	-	+	+	+

-: Inibição, +: Crescimento

CONCLUSÃO

O a-Pineno (22,25%) é o composto maioritário nos óleos essenciais da fase oleosa de *Daucus carota* (L.) *ssp. carota*, seguido de в-Asarone (15,13%), Sabinene (12,46%) e a- Himachalene (10,14%), bem como a fase cristalizada contém в-Asarone. Em termos de atividade antimicrobiana, os óleos essenciais da fase oleosa de *Daucus carota* (L.) *ssp. carota* apresentaram uma inibição significativa das seis bactérias e dos sete bolores estudados a partir de uma concentração de 0,45 mg/mL. No final deste estudo, os óleos essenciais da fase oleosa de *Daucus carota* (L.) *ssp. carota* podem ser recomendados como antimicrobianos contra certos microrganismos patogénicos e como alternativas aos antibióticos sintéticos. Esta abordagem pode ajudar a reduzir a quantidade de antibióticos sintéticos aplicados e, por conseguinte, diminuir o impacto negativo dos agentes sintéticos, como os resíduos, a resistência e a poluição ambiental.

REFERÊNCIAS

Organização Mundial de Saúde. Medicina Tradicional. Ficha informativa da OMS n.º 134. Genebra: OMS; 2003.

Sofowora A. Medicinal Plants and Traditional Medicine in Africa (Plantas Medicinais e Medicina Tradicional em África). Ibadan, Nigéria: Spectrum books Ltd; 1993:191-289.

F. Bakkali, S. Averbeck, D. Averbeck, M. Idaomar, Food Chem. Toxicol. 2008, 46, 446.

L. Sa'nchez-Gonza'lez, M. Vargas, C. Gonza'lez-Martnez, A. Chiralt, M. Chafer, Food Eng. Rev. 2011, 3, 1.

Niko Radulovic", Nevenka Dord-evic", Zorica Stojanovic'-Radic". Food Chemistry. (2011), 125, 35-43.

Clevenger J. F. J. Am. Pharm. Assoc. (1928), 17, 346-351.

Adams, R. P. Identification of essential oil components by gas chromatography/mass spectroscopy (Identificação de componentes de óleos essenciais por cromatografia gasosa/espetroscopia de massa). Carol Stream: Allured, (1995).

Remmal, A., Bouchikhi, T., Rhayour, K., Ettayebi, M., & Elaraki, A.T. (1993). Método impiedoso para a determinação da atividade antimicrobiana de óleos essenciais em meio de ágar. Journal of Essential Oil Research, 5, 179-184.

Satrani, B., Farah, A., Fechtal, M., Talbi, M., Blaghen, M., & Chaouch, A. (2001). Composição química e atividade antimicrobiana das folhas essenciais de Satureja calamintha e Satureja alpina do Marrocos. Annales des falsifications et de l'expertise chimique et toxicologique, 94, 241-250.

Shenvi S., Vinod, Hegde R., Kush A., Reddy G.C., 2011. Uma formulação solúvel em água única de в-asarone da bandeira doce (Acorus calamus L.) e sua atividade in vitro contra alguns patógenos de plantas fúngicas. Journal of Medicinal Plants Research. 5, 5132-5137.

Charai, M., Mosaddak, M., & Faid, M. (1996). Composição Química e Actividades Antimicrobianas de Duas Plantas Aromáticas: Origanum majorana L. e O. compactum Benth. Journal of Essential Oil Research, 8, 657-664.

M. Elhourri, M. El Idrissi, A. Amechrouq. Identificação por técnica cromatográfica e espectroscópica de compostos químicos de óleos essenciais extraídos de Daucus carota (L.) ssp. carota. Phys. Chem. News 69 (2013) 83-88.

Sakkas, H., & Papadopoulou, C. (2017). Atividade antimicrobiana de óleos essenciais de manjericão, orégano e tomilho. Jornal de Microbiologia e Biotecnologia, 27, 429-438.

Ben Hammou, F., Skali, S.N., Idaomar, M., & Abrini, J. (2011). O efeito antimicrobiano do óleo essencial de Origanum compactum, nisina e a sua combinação contra Escherichia coli em caldo de soja tríptico (TSB) e em tripas de salsicha natural de ovelha durante o armazenamento a 25 e 7 C. African Journal of Biotechnology, 10, 71.

Bouhdid, S., Skali, S.N., Idaomar, M., Zhiri, A., Baudoux, D., Amensour, M., & Abrini, J. (2008). Actividades antibacterianas e antioxidantes do óleo essencial de Origanum compactum. Jornal Africano de Biotecnologia, 7, 1563-1570.

Laghmouchi, Y., Belmehdi, O., Senhaji, N.S., & Abrini, J. (2018). Composição química e atividade antibacteriana de Origanum compactum Benth. óleos essenciais de diferentes áreas no norte de Marrocos. Jornal Sul-Africano de Botânica, 115, 120-125.

Bouyahya, A., Abrini, J., Edaoudi, F., Et-Touys, A., Bakri, Y., & Dakka, N. (2016). Origanum compactum Benth: Uma revisão sobre fitoquímica e propriedades farmacológicas.

Plantas Medicinais e Aromáticas, 5(4), 1-6.

Nayely, L.L., Erick, P.G.G., Gabriela, V.O., & Heredia, J.B. (2017). Óleos essenciais de orégano: Atividade biológica além de suas propriedades antimicrobianas. Molecules, 22, 989.

Lu, M., Clinton, K.M., & Mei, X.Wu. (2018). Propriedade bactericida do óleo de orégano contra isolados clínicos resistentes a múltiplos medicamentos. Pesquisa original, 1-14.

Teodora, P.P., & Ralitsa, B. (2016). Atividade antimicrobiana in vitro de óleos essenciais de orégano (Origanum compactum L.) e tomilho (Thymus vulgaris L.). Revista Internacional de Microbiologia Atual e Ciências Aplicadas, 5, 57-68.

Abrahams, P.W. (2002): Solos: suas implicações para a saúde humana. The Science of the Total Environment, 291, 1-32.

Bahorun, T., B. Gressier,F. Trotin,C. Brunet,T. Dine,M. Luyckx,J. Vasseur,M. Cazin,J.C. Cazin&M. Pinkas(1996):Oxigen species scavenging activity of phenolic extract from howthorn fresh plant organs and pharmaceutical preparation. Arzneimittelforschung,46(11), 1086-9.

Boutkhil, S., M. El Idrissi, A. Amechrouq, A. Chbicheb, S. Chakir&K. EL Badaoui (2009) : Composição química e atividade antimicrobiana de extractos brutos, aquosos, etanólicos e óleos essenciais de *Dysphaniaambrosioides* (L.) Mosyakin&Clemants. ActaBotanicaGallica, 156, 201-209.

Boutkhil, S., M. El Idrissi, S. Chakir, M. Derraz, A. Amechrouq, A. Chbicheb&K. El Badaoui (2011): Antibacterial and antifungal activityof extracts and essential oils of *Seriphidiumherba-alba* (Asso) Sojak and their combination effects with the essential oils of *Dysphaniaambrosioides* (L) Mosyakin&Clemants. ActaBotanicaGallica, 158, 425-433.

Brooks, R.R., 1998. Geobotânica e hiperacumuladores. In: Brooks, R.R. (Ed.). Plantas que hiperacumulam metais pesados. CABI Publishing, Wallingford, pp. 55-94.

GceraDatiane, M.O.T., R.T. Saulo, W.L. Paulo, G.F. Fernando, F.C. Fabia, A.B.C. Francisco, H.S.C. Roger, S.P. Pedro, F.L. Luciene, M.L.S.M. Yedda, D.M.C. Henrique, P.S.J. Josë, Q.B. Valdir&G.S. Teresinha (2018): Inibição do óleo essencial de *Chenopodiumambrosiaides* (L.) e do a-terpineno sobre a bomba de efluxo NorA de *Staphylococcus aureus*. Química dos Alimentos, 262, 72-77.

Cruz, G.V.B., P.V.S. Pereira, F.J. Patricio, G.C. Costa, S.M. Soussa, J.B. Frazao, W.C. Aragao-Filho, M.C.G. Maciel, L.A. Silvia, F.M.M. Amaral, E.S.B. Barroqueiro, R.N.M. Guerra&F.R.F. Nascimento (2007): Aumento do recuitamento celular, da capacidade de fagocitose e da produção de óxido nítrico induzidos pelo extrato hidroalcoólico das folhas de *Dysphaniaambrosioides (L) Mosyakin&Clemants*. Journal of Ethnopharmacology, 111, 148-154.

Dasgupta, N. &B. De (2007): Antioxidant activity of some leafy vegetables of India: a comparative study. Food chemistry, 101, 471-474.

Dini, I., G.C. Tenore&A. Dini (2010): Conteúdo de compostos antioxidantes e atividade antioxidante antes e depois da cozedura em sementes doces e amargas *de Chenopodium quinoa*. Lwt food science technology, 43, 447-451.

Printed by Books on Demand GmbH, Norderstedt / Germany